바람이
가는 길

2016년 12월 23일 초판 1쇄 발행
지은이 김길수 **| 책임편집** 정채영 **| 디자인** 이랑 **| 인쇄** 미광원색사 **| 제본** 정성문화사
펴낸이 송은숙 **| 펴낸 곳** 겨리 **| 출판 등록** 등록번호 제2013-000009호
주소 21347 인천광역시 부평구 부개로 58 110-803
전화 070.8627.0672 **| 팩스** 0505.273.0672 **| 이메일** gyeori_books@naver.com
홈페이지 www.gyeori.com **| 페이스북** www.facebook.com/Gyeoribooks

ⓒ 김길수, 2016

ISBN 979-11-955334-5-9 03980
이 책의 국립중앙도서관 출판시도서목록(CIP)은 서지정보유통지원시스템 홈페이지
(www.seoji.nl.go.kr)와 국가자료공동목록시스템(www.nl.go.kr/kolisnet)에서
이용하실 수 있습니다. (CIP제어번호:CIP2016024192)

〈인간극장〉 김길수의 난은 계속된다 • 〈수남아 여행 가자〉 2탄 • 제주도

바람이 가는 길

김길수 쓰다

차 · 례 ·

2부 · 우리는 함께 살아가지요

다시 봄, 바람이 분다.

생강나무꽃이 피고 매화가 피어났다. 진달래가 하늘거리는 꽃잎을 흔들었고 벚꽃 잎이 바람에 날려 느린 비로 내렸다. 은은한 사과꽃 향기가 발걸음을 느리게 하더니 진한 아카시아꽃 향기가 걸음을 멈추게 한다. 진달래 꽃잎으로는 색깔이 예쁜 효소를 담가 두었고 아카시아 꽃으로는 향기가 좋은 효소를 담갔다. 자연은 누구 하나 서두르는 법 없이 때를 기다려 피어나고 지고 한다. 참 고맙고도 고맙다.

작년에 제주도로 떠났던 태교여행에서 돌아와 사과꽃이 필 무렵에 태어난 다섯째 진서가 걸음마를 떼기 시작했다. 아이들이 자라는 모습을 들여다보면 다 다르지만 자연을 닮아 있다. 때가 되면 옹알이를 하고 뒤집고 기어 다니다가 걸음마를 떼고는 뒤뚱뒤뚱, 아장아장 걷는 모습처럼 말을 하기 시작한다. 아이들마다 좀 느리고 빠른 차이가 있을 뿐 무언가를 먼저 하려고 서두르지 않는다.

다시 사과꽃이 피기 시작했고 따스한 봄바람이 일었다. 산중 집 텃밭에는 고추, 상추, 오이, 호박, 고구마, 수박, 토마토, 가지 등속을 심어 놓았다. 누구든 산중 집에 놀러 오는 사람이 거두어 먹으면 고마운 일이겠다. 우리 진서는 작년 봄 제주도를 기억할까? 바람이 가는 길을 따라 제주도로 떠나야 할 때가 되었다.

1부 · 그리움을 찾아가다

살다 보면 가끔
못 견디게 보고 싶은 사람들이 있다.
하지만 이런저런 핑계로 만나지 못하고
전화 한 통으로 그리움을 달래고는
언제고 꼭 보자는 허망한 약속을 한다.

그리우면 찾아가는 거다.
산모퉁이를 돌아,
강을 건너고
들판을 가로질러
그리움을 만나러 간다.

나는 바람이다.

아이들의 온도계는
어른과 다르다

느린 바람 가족은 여느 때처럼 발걸음이 느리다. 제주도로 가려고 마음을 먹었으면 그냥 항구로 가면 될 것을, 섬으로 가기 전에 그리운 사람들을 두루 찾아다니며 인사를 하고 떠나기로 했다. 먼저 가수 박희수 씨를 통해 알게 된 단양에 살고 있는 형님을 만나러 간다.

희수씨가 가수가 될 수 있도록 물심양면으로 도움을 주신 고마운 분이다. 몇 시간이면 갈 거리인데도 좋은 계곡이 있어 중간에 집을 세웠다. 아직은 아침저녁으로 찬바람이 부는 계절인데도 아이들은 아랑곳하지 않고 물속으로 뛰어든다.

뭘 하든 엉뚱하고 어설픈 진아는 다슬기를 잡겠다고 진지하게 물속을 들여다보지만 한 마리도 잡지 못한다. 다슬기잡이 수경을 곁눈질로 들여다보기는 하는데 발바닥에 닿는 다슬기의 느낌이 좋았던지 발가락장난만 치고 있다.

진아보다 여섯 달이 빠른 소윤이(희수씨네 딸)는 큼지막한 다슬기를 잘도 건져낸다. 잡아다가 끓여서 아빠한테 줄 거라며 신이 났다. 조금 깊은 물이 무섭다며 건너

오지 못하는 정수는 어정쩡하게 서 있고 엉뚱한 진아를 보는 일이 뭐가 그리 재미가 났는지 민정이, 수남이는 웃느라 정신이 없다.

같은 물에서 놀아도 다 다르게 논다. 아이들의 온도계는 무엇을 하며 놀 것인가에 따라 다르게 작동한다. 아이들이 재미있게 놀 수만 있다면 부모는 못하게 하지 말고 함께 놀아야 한다는 것이 우리 생각이다. 엄마도 빨래 걱정은 할 필요가 없다. 맑은 물이니 그저 잘 헹궈 따뜻한 바위에 널어 말리면 그만이다.

민정이는 벌써 온몸으로 빨래를 마쳤다. 따뜻하게 데워진 바위 위에 널어 놓았으니 낮잠이나 한소끔 자고 일어나면 몸도, 마음도, 옷도 기분 좋게 마르겠다. 애써 가르쳐 주지 않아도 놀면서 배우고, 배우면서 노는 아이들이다. 어른들은 그저 사랑을 담은 시선으로 바라볼 뿐이다.

세상에서 가장
소박한 돌잔치

누구 하나 특별하지 않은 아이가 없지만 다섯째 진서는 참 재미있는 아이다. 여섯 달 동안 해외여행을 다녀와 엄마 아빠가 군살이 다 빠지고 건강해진 상태에서 아기가 생겼고, 두 달간 태교여행으로 제주도에 다녀왔다. 그래서인지 돌이 될 때까지 잔병치레 한번 없이 잘 자라 주었다. 걸음마를 떼기 시작하더니 재롱도 부쩍 늘었다.

고마운 마음을 담아 세상에서 가장 소박한 잔칫상을 차렸다. 아이들이 냇가에서 잡아온 다슬기를 끓이고 들꽃과 나뭇잎으로 상차림 장식을 했다. 작은 케이크도 놓았고 돌잡이용으로 실, 연필, 돈, 마이크도 놓았다. 소박하지만 있을 것은 다 있다. 남들처럼 화려한 잔치는 못 해주지만 엄마 아빠는 항상 진서 곁에 있으면서 사랑해 주고 진서의 삶을 응원해 주련다.

진서 재롱에 온 가족이 웃는다. 이만하면 행복하다.

꿈은
살아 있음이다

젊은 시절 음악이 삶의 전부였던 형을 만났다. 형은 철도공무원으로 살아가고 있다. 함께 음악을 했던 친구는 기타 학원을 운영하면서 가끔 지역에서 열리는 작은 축제에서 노래도 하면서 살아간다.

음악 후배였던 희수씨는 형이 아끼던 기타를 훔쳐서(?) 서울로 무작정 상경해 가수가 되었다고 한다. 형은 희수씨가 기타를 가져가리라는 것을 알고 있었다고 했다. 데뷔 무렵 히트곡 '그 어느 겨울'을 발표하면서 미성 가수로 성공하는 것처럼 보였던 희수씨는 4집 앨범까지 내면서 꾸준히 가수 활동을 해왔지만 그 후로 특별히 주목받지 못하고 노래하는 여행자로 살고 있다. 희수씨는 형에게 성공하지 못해서 조금은 미안해하는 것 같았지만 둘 다 지금은 행복하다고 했다. 아주 오래전 이야기를 들으면서 마음이 따뜻해졌다.

누구는 꿈을 간직하고만 살고, 누구는 꿈을 이룬다. 사실 꿈을 이루든, 이루지 못하든 꿈은 있다는 것만으로도 내가 살아 있음을 느끼게 해 준다. 힘겨운 삶이 꿈을 잃어버리게 만드는 현실은 슬픈 일이다. 사회가 강요하는 꿈을 꾸는 것 또한 슬프다. 잘못된 문화가 몇 가지 꿈으로만 아이들을 몰아가는 것은 더욱 슬픈 일이다.

아이들 뒷바라지가 끝나면 다시 기타를 잡겠다는 형의 이야기를 들으면서 기분이 좋아졌다. 꿈을 간직하고 살아가는 사람을 만나는 일은 늘 행복하다.

불영계곡에
가다

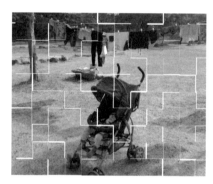

울진으로 향하는 길에 불영계곡에 잠시 머문다. 며칠 동안 밀린 빨래도 하고, 아름다운 계곡에서 쉬고 놀고 할 생각이다. 불영계곡은 동해로 급하게 흐르는 계곡이지만 구불구불 이어진 길을 따라 불영사까지 올라오면 완만하게 흐르는 맑은 물줄기를 만난다. 불영사로 가는 숲속 오솔길을 걷는 것만으로도 평안을 얻을 수 있으니 가족들이 조용히 쉬기에는 참 좋은 곳이다.

아직 푸른 나뭇잎이 짙어지기 전이라 불영사 휴게소 주차장은 한가하다. 휴게소 사장님의 배려로 잔디밭 옆 주차장에 자리를 잘 잡았다. 햇볕이 잘 드는 곳에 밀린 빨래를 널어 놓았다.

낮잠을 자는 진서와 엄마는 집에 남고, 아빠는 아이들과 물놀이 겸 다슬기를 잡으러 계곡으로 내려갔다. 사람들 손을 타지 않아서인지 다슬기가 굵고 많다. 아직 물이 차갑기는 하지만 계곡을 독차지하고 놀기에는 요즈음이 좋은 때. 휴게소 사장님 설명으로는 휴가철에는 계곡으로 올라오는 도로변마저도 주차장으로 변하고, 계곡에는 돗자리 하나 깔 장소를 구하기도 힘들다고 한다. '사람들이 휴가를 나누어서 계획한다면 이 좋은 계곡을 여유롭게 즐길 수 있을 텐데…' 하는 생각을 하다 보니 우리만 너무 호사를 누리는 듯해서 사람들에게 좀 미안하다. 우리나라도 이제는 휴가를 몰아서 갈 수밖에 없게 만드는 경제구조를 바꿔야 될 때가 되지 않았을까?

알이 굵은 다슬기를 두어 되가량 잡았다. 요즘은 다슬기가 우리의 주식이 되어 버렸다. 친절한 휴게소 식당 아주머니가 주신 몇 가지 반찬으로 식탁이 더욱 풍성해졌다. 여행자 가족에게 친절을 베푸시니 고마울 따름이다.

하늘 아버지께
안부를 여쭙다

인생에서 꼭 만나야 할 사람은 시간과 장소가 정해져 있지는 않지만 언제 어디선가는 꼭 만나게 되어 있다. 내 경험 속에서 이 법칙은 한 번도 틀린 적이 없다. 좋은 인연이나 나쁜 인연이나 잘 살펴보면 그때 그 장소에서 반드시 만나야 할 인연들이다.

그런데 우리는 좋은 인연에 대해서는 그저 기뻐하지만 악연에 대해서는 반성할 줄을 모른다. 사실은 둘 다 내가 만든 관계들이고, 오늘의 인연은 과거와 미래에 연결되어 있다. 과거에 내가 저지른 잘못이 악연으로 나타날 수도 있고, 지금의 악연을 계기로 미래를 행복하게 또는 불행하게 만들 수도 있다. 다만 책임은 나한테 있는 것이다.

고마운 인연으로 울진에 살고 계시는 하늘 어머니 아버지가 그렇다. 우리 가족이 출연한 '인간극장'을 보고 연락을 주셔서 뵙게 되었지만 내 인생에서 어느 때 어디에선가는 꼭 인연이 닿아야 할 분들이었다. 2008년도 늦봄에 처음 뵙고는 그 분들의 삶에 감동해 어머니, 아버지로 모시기로 했다.

어머니 아버지는 우리 가족 외에도 전국에 많은 자녀를 두고 큰 가족을 이루고 살아가신다. 일 년에 10만 킬로미터가 넘는 거리를 움직이면서 자녀들을 만나 진실된 이야기로 감동을 선물하신다. 자녀들의 삶도 다양하다. 시장 상인부터 건축 노동자, 전기 기술자, 춤꾼, 음악가, 천연 염색가, 교수까지 직업을 따지지 않고 사람을 보고 자식으로 삼으신다. 아버지는 젊은 날 당신의 신장을 기증하실 정도로 사람들에게 헌신적이신 분이다. 어려움을 겪고 있는 자녀가 있으면 직접 찾아가셔서 마음을 위로하고 물질로도 도움을 주어 그들이 행복을 경험할 수 있도록 도와주신다. 그렇게 오랜 세월 사랑을 실천하며 살아오신 분들이다. 두 분은 우리 가족의 여행에 중요한 의미를 부여해 주고, 진실한 사랑의 방식을 깨닫게 해주셨다.

오늘은 아버지로부터 색소폰을 배우는 제자이자 나에게는 형님뻘 되는 분이 운영하는 식당 '이게대게'에 대가족이 모였다. 여러 지역에서 서로 다른 자녀들이 모였으니 할 이야기들이 많다. 누군가 이야기를 시작하면 다른 사람들은 약속이나 한 듯 조용해진다. 모두가 잘 들어 주는 데 익숙한 사람들이다. 여럿이 모이면 시끌벅적하게 서로 다른 이야기로 어수선한 분위기와는 너무나 다르다. 귀한 음식으로 배를 불리고 마음도 풍성해졌다. 희수씨와 나는 작은 음악회를 열어 가족들을 즐겁게 했다.

남동생이 없는 '이게대게' 형수님은 누님이라 불러 주면 좋겠다고 하신다. '누님, 누님…' 열 번을 불러 드리고는 가족이 되었다. 누님은 여행하면서 먹으라며 오래 두고 먹을 수 있는 대게 젓갈, 며칠 두고 먹을 게살양념볶음, 바로 조리해서 먹을 것들을 푸짐하게 싸 주셨다. 반찬만 봐도 지극한 정성이 느껴진다. 아버지는 가족들과 지인들에게 선물하신다며 책을 여러 권 팔아 주셔서 여행경비도 생겼다. 모두 고마운 인연이다.

치유의 정원이 있는
'동치골'

울진 '동치골'에는 바위 뒤에 숨어 수줍게 피어 있는 풀꽃을 닮은 누님이 산다. 오리 요리와 허브 삼겹살을 주 메뉴로 하는 식당 '동치골'을 운영하지만 '동치골'은 음식만을 파는 곳이 아니다.

우선 식당 입구에 있는 정원에 들어서면 여러 가지 허브향이 마음을 편안하게 한다. 허브 꽃밭은 낮은 울타리를 쳐서 종류별로 구별을 지어 놓기는 했지만 곁에 있는 식물들끼리는 경계를 건너와 어울려 살기도 한다. 허브 꽃밭 사이로는 디딤돌을 놓아 이리저리 다니며 다양한 향기를 맡을 수 있다. 중간 중간에는 앉아서 쉴 공간도 만들어 놓았다. 식사를 하기 전이나 후에 속과 마음을 다스리기에도 좋다.

음식 또한 천연 조미료와 허브 향신료를 써서 만드니 맛도 좋고 건강에도 좋은 것들이다. '동치골'은 식당이라기보다는 향기로 몸과 마음을 돌보는 치유의 정원이다.

누님은 힘든 식당 일을 하고 허브 정원을 가꾸는 일을 도맡아 하면서도 소외된 아이들을 가르치고 돌보는 봉사활동을 한다. 여행 프로그램이나 공연 기획을 해서 아이들이 건강하게 살아갈 수 있는 배움의 기회를 만들어 주는 일로 행복을 느끼며 살아가는 분이다.

지금은 경제적으로나 사회적으로도 넉넉하게 살고 있지만 누님도 힘든 시기가 있었다. 누님은 그 힘든 시절을 허브를 가꾸는 일과 가난한 나라로의 여행을 통해 극복했다. 누님은 힘겨운 삶의 가운데에서 처음

택한 여행지가 인도였
다. 누님은 인도에서
새로운 세계에 눈을 떴
다. 어떻게 보면 가난
하고 더럽고 지나친 억
압에 힘들어 하며 살아
가는 것처럼 보이지만,

가슴이 따뜻한 사람들, 희망을 잃지 않고 행복의 끈을 놓지 않고 살아
가는 사람들을 만난 것이다. 누님은 그 후로도 일 년에 한 달 정도는 가
난한 나라로 봉사활동 겸 여행을 다녀온다.

"행복의 끈은 무엇일까요?"

누님께 물었다. 대답은 단순했다.

"사랑이고 희망이지."

절망에 빠진 사람들은 스스로에게나 주변 사람들에게 폭력적으로 대
한다. 어쩌면 그 폭력은 그가 원해서가 아니라 절망적인 상황이 강요한
것일 수도 있다. 그래서 내가 행복하기 위해서는 주위에 있는 사람들이
평안해야 한다. 우리는 모두가 행복한 삶을 살아갈 수 있다는 희망을
사랑이라는 끈으로 서로 연결해 둔다면 세상이 좀 더 평화롭고 행복해
지지 않을까? 풀꽃으로 살아가는 누님의 생각이다. 큰 선생님의 단순
하면서도 아름다운 진리를 마음에 담는다.

누님은 오늘도 성실하게 식당일을 하고, 허브 꽃밭을 가꾸고, 그윽
한 향기로 사람들을 잇는 일을 한다. '동치골' 위로 조만가 도로가 생길
계획이어서 이사를 가야 한다는데 보상이며 뭐며 이런저런 일들이 잘
마무리되어 치유의 정원이 더 번창했으면 좋겠다.

수남이,
S보드를 타다

수남이는 요즘 S보드 타기 연습에 열중하고 있다. 2년 전에 아는 형이 물려 준 것을 시멘트나 아스팔트 주차장이 없는 진안 베이스캠프에서는 연습을 못해 가지고만 있었다. 우리가 여행하는 곳에는 보드 연습하기에 딱 좋은 아스팔트 주차장이 늘 있다. 아직 비수기여서 주차장이 비어 있으니 더욱 좋다.

배움이라는 것은 배울 의지와 기회가 함께 주어져야 가능하다. 몸 움직이기를 좋아하는 수남이는 여행을 시작하면서 기회를 잡았다. 여행을 떠나지 않았더라면 시골 생활에서 S보드를 배울 기회는 영원히 없었을지도 모른다. 수남이는 배울 의지가 있었고 기회를 놓치지 않았다. 며칠 동안 몇 번 넘어지고 일어서고를 반복하더니 제법 먼 거리를 달린

다. 혼자서 하는 배움이 한계에 도달할 때쯤, 스승이 나타나서 고급 기술을 가르쳐 주기만 하면 배움은 완성 단계에 도달할 것이다.

우리의 여행은 관광지를 돌며 좋은 풍광을 보고 맛있는 음식을 먹고 하는 것만을 목적으로 하지 않는다. 느린 바람 여행자는 진실된 눈으로 세상을 보고 사람들을 만나 서로에게 위로

가 되기를 바라고 크고 작은 배움을 구한다. 아이들은 그런 여행을 함께 하면서 다양한 사람들과의 만남을 통해 다양한 배움의 기회를 얻고, 배우면서 성장한다.

'수남아, 고맙구나!'

경산 송림
작은 음악회

제주도로 가는 배를 타러 남쪽으로 내려가는 길에 경산에 들렀다. 희수씨의 오래된 지인이 카페 겸 캠핑장을 오픈하는데 작은 공연을 부탁했기 때문이다.

카페는 경산시 외곽에 있어 대구와 가깝고 주변에는 조용한 소나무 숲이 어우러져 캠핑장으로도 인기가 많을 것 같다. 주인장은 야생화에 관심이 많아 축대 바위틈 사이, 소나무 숲 산책로 주변에 다양한 꽃들을 심어 놓았다. 경사가 완만한 숲에는 조용히 캠핑과 산림욕을 즐길 수 있도록 군데군데 여러 종류의 캠핑 카라반이 놓여 있고, 텐트를 칠 수 있는 평상도 놓여 있다.

카페와 캠핑장 사이에는 숲속 공연장이 마련되어 있어 좋은 음식과 캠핑, 산림욕과 공연 등 다양한 문화를 즐길 수 있는 곳이다.

특히 인상적인 것은 작은 마을과 마을 사이에 있는 캠핑장 소나무숲 오솔길이 마을과 마을을 잇고 등산로와도 잇닿아 있다는 것이다. 물론 경계의 표시는 있지만 담을 둘러치거나 길을 끊어 놓지 않았다.

아직 공연시간이 남아 있어 캠핑장 경계를 넘어 마을로 이어진 오솔길을 걸었다. 소나무숲을 벗어나자 때 이른 산딸기가 아이들 눈에 들어 왔다. 좋은 간식거리가 생겼다. 경계에 담을 쌓지 않고 길을 열어 둔 주인장의 마음이 고맙다.

마을과 마을, 산으로 오르는 오솔길을 막지 않은 것도 카페 주인장의 마음이고 주차장 돌 틈과 정원을 화려한 꽃보다는 소박한 야생화로 꾸민 것도 주인장의 마음이다. 숲속 공연장을 중심으로 캠핑장을 디자인한 것도 주인장의 마음이고 한 종류의 카라반으로 효율성을 극대화하기보다 2인용, 4인용, 정박용 2층 텐트, 평상 등으로 숲을 훼손하지 않는 선에서 다양한 캠핑을 즐길 수 있도록 배려한 것도 주인장의 마음이다. 주인장의 마음이 이러하니 여기에 놀러 오는 사람들도 행복하겠다.

여행,
늘 그렇다

여객선 터미널 앞에 있는 허름한 여관에 들어 아이들 목욕을 시키고 하룻밤을 보냈다. 아침 일찍 출발하는 배에 짐을 실으려면 부산하게 움직여야 한다.

잠이 덜 깬 아이들을 업고, 끌고 식당으로 가서 밥을 먹였다. 간식거리로 과일 몇 가지를 사들고는 화물터미널로 가서 표를 사려고 하는데 자리가 없단다. 전염성이 강한 독감 메르스의 여파로 제주로 가는 여행객은 터무니없이 줄었지만 화물 물동량은 그대로여서 일주일 전에 예약을 해야 버스를 실을 수 있다고 한다. 매표소 직원 말로는 제주로 가는 가장 큰 배였던 세월호가 없어지고, 안전점검이 강화되어 화물 운송이 더욱 힘들어졌다고 한다.

여행이 늘 그렇듯 예상하지 못했던 일이 생겼다. 제주로 가는 계획이 늦어져 좀 아쉽기는 하지만 배표를 예약하고 발걸음을 돌려 나왔다. 아직 육지에 돌아봐야 할 그리운 사람들이 남아 있나 보다.

이제 어디로 갈까?

팽목항에
가다

잊지 않겠다고 했었다. 2014년 태교여행으로 갔던 제주도에서 서둘러 돌아왔던 이유가 세월호 참사였다. 온 나라가 슬픔에 빠져 있는데 우리만 유유자적하며 놀 수는 없었다. 사고 후로 일 년이 넘게 지났지만 그 큰 배가 왜 침몰했는지, 아이들을 구할 인력과 장비, 시간이 있었음에도 왜 아이들을 구하지 않았는지, 무엇 하나 명쾌하게 밝혀진 것이 없다. 지역에 있는 사람들과 함께 슬퍼하며 진실을 밝히기 위해 거리로 나서기도 했지만 비탄에 빠진 부모들을 볼 용기가 나질 않아 팽목항에는 한 번도 오지 못했다.

팽목항의 하늘은 아직도 무겁게 가라앉아 있다. 꽃을 피워 보기도 전에 시들어 버린 아이들에게 조문을 하고, 아직도 차가운 바다에서 돌아오지 못한 이들을 기다리는 가족들과 말없이 인사를 나누었다. 방파제

낮은 담에는 하늘로 떠나 버린 이들에게 보내는 간절한 사연들이 빼곡히 적혀 있다. 사연들을 읽으며 걸음을 옮길 때마다 눈물이 떨어진다. 보슬비가 어깨를 적신다. 반복되는 대형사고들과 어이없는 죽음들, 우리가 막을 수도 있었을 슬픔들은 언제쯤 사라질까?

어려울 것 같지만 문제의 해결방법은 단순하다. 팽목항에 펄럭이는 절규처럼 진실을 인양하면 된다. 사고의 원인을 투명하게 규명하고 대책을 마련하면 그만이다. 진실을 인양하라는 절규를 외면하고 의혹만을 증폭시키는 대처방식으로는 또 다른 사고를, 더 큰 슬픔을 불러올 것이다. 우리 아이들이 살아갈 미래는 슬퍼하는 사람들과 함께 울어 줄 수 있는 따뜻한 마음이 소통하는 세상, 잘못을 했으면 스스로 반성하고 책임지고 고쳐 나가는 용기를 가진 세상이 되었으면 좋겠다.

팽목항에 펄럭이는 슬픔, 그리움, 간절한 기도, 절규를 뒤로 하고 방파제를 돌아 나왔다. '잊지 않을게!'라는 스티커와 노란 리본을 집에 붙이고 나니 빗방울이 제법 굵어졌다.

'이곳을 떠나면 우리는 일상을 살아가겠지만 가끔은 억울하게 희생된 너희들을 생각할게. 잊지 않을게. 안전하고 투명한 세상을 만들기 위해 행동할게.'

마음속으로 다짐하며 다시 길을 나선다.

다산초당
아랫집 누나

　며칠 놀 만한 곳을 생각하다가 강진의 다산초당 주차장에 집을 세웠다. 다산초당 옆에는 공무원 연수원이 있어 운동장이며 정원, 숲으로 이어진 산책로 등이 잘 갖추어져 있다.

　다산초당으로 오는 길에 바라본 강진의 느낌은 '풍요'다. 야트막한 산들은 작은 계곡을 품고 있고, 작은 계곡들은 흐르고 흘러 강진평야로 모여들고 굽이굽이 흐르다가 바다와 만난다. 병영면에 있는 '설성식당'에서 점심으로 먹은 한정식 밥상이 말해 주는 것처럼 강진은 산과 들, 강과 바다가 나누어 주는 것들로 풍요로움이 흘러넘친다. 어느 한정식 집에 가더라도 7~8천 원이면 푸짐한 밥상을 즐길 수 있으니 여행자라면 강진의 풍요가 낳은 만찬을 꼭 맛봐야 한다.

　집을 나무그늘에 세워 두고 며칠 신세를 지겠다며 연수원 원장님께 인사를 드렸다. 연수원은 평일에는 한가하고 주말에 주로 바빠지니 편안하게 있어도 좋다고 허락해 주셨다. 고마운 일이다. 며칠간 쓸 야외 화장실이며 음수대를 둘러 보고, 숲으로 이어진 산책로를 걷다가 강진에 살고 있는 누나가 생각 났다. 누나에게 전화를 걸어 보니 다산초당 바로 아랫집이란다. 인연이라는 것은 이렇게 꼬리에 꼬리를 물고 이어지는구나! 누나는 환한 얼굴로 대가족을 반긴다.

　누나는 옷감에 천연염색을 해서 옷, 모자, 생활에 필요한 소품들을 만드는 일을 하고 있다. '참 빛 공방' 누나가 운영하는 공방 이름이다.

'참 빛 공방', '참 빛 공방' 되뇌어 보니 맑고 평화롭게 살아가는 누나의 품성을 닮았다.

오늘은 우리 가족이 천연염색 체험을 하는 날이다. 바람이 부드럽게 불고 햇볕도 좋아 염색을 하기에 좋은 날씨. 누나는 미리 만들어 놓은 쪽물과 여름에 입을 반팔 윗옷을 식구 수만큼 준비했다. 아이들은 빛이 바랜 옷가지를 꺼내왔다.

옷가지와 식탁포를 군데군데 끈으로 묶어 무늬를 만들고는 염료에 담가 한참 동안 주물러 물이 잘 배어들도록 한다. 염료에서 꺼낸 옷감은 꼭 짜내고는 묶은 끈을 풀고 부드러운 바람에 발색을 시킨다. 바람을 만난 쪽은 우중충한 연둣빛에서 가을 하늘보다 더 파란 쪽빛으로 변한다. 마술처럼 변하는 옷 색깔을 보면서 아이들은 신이 났다. 자연이 주는 것들은 모두가 신비롭고 아름답다.

활짝 편 천이 바람을 맞으면 쪽빛으로 변한다. 우리 집에 아름다운 식탁포가 생겼다. 바람으로 발색을 시킨 옷은 잘 펴서 그늘에 말린다. 봄바람이 적당히 불어 색깔이 잘 나오고 작업도 쉽다.

옷이 마르는 동안 진서는 물놀이를 하고 버찌를 따 먹으며 놀았다. 얼마나 많이 먹었는지 아이들은 입술도, 혀도, 이도 모두 빨갛다. 장난

끼 많은 진아는 자기 얼굴에도 버찌 염색을 해 놓았다.

　잘 마른 옷은 맑은 물에 빨아 옷감에 스며들지 않고 묻어 있는 염료를 빼낸다. 헹구고 짜고, 헹구고 짜고, 맑은 물이 남을 때까지 하다 보니 '염색 일은 여자가 혼자 하기에는 힘든 일이겠구나!' 싶다. 재봉 일은 누나가 혼자 하지만 염색을 할 때는 형님께서 많이 도와주신다니 다행이다.

　다산초당 아래서 슈퍼와 식당을 운영하는 아주머니는 토종닭에 여러 가지 한약재를 넣고 푹 삶은 보양식을 해주셨고, 누나는 길 떠나는 동생에게 예쁜 옷을 지어 주셨다. 모두 고맙고도 고마운 인연이다.

마량 미항
육일장

마량면에 있는 작은 항구에서 매주 토요일에 육일장이 열린다. 예전에는 오일장이던 것을 관광객 유치와 지역경제 활성화를 위해 육일장으로 바꾸고는 음악회와 각종 이벤트를 기획했다. 육일장은 제법 성공적이어서 장터에는 싱싱하고 값이 싼 해산물을 사려는 사람들로 북적인다. 해산물을 파는 부스는 어류와 패류를 몇 가지 종류별로 나누어 특화시켰고 조금씩(만 원에 한 접시) 맛을 보고 사갈 수 있다. 생물, 절인 것, 건조시킨 것, 젓갈까지 바다에서 나는 것은 없는 게 없다.

음악과 함께 여행하는 우리 가족도 음악회 무대에 초대를 받았다. 아침 일찍 장터에 도착해서 시장 구경을 하고 건어물도 몇 가지 사고, 길거리 음식을 먹으며 놀고 놀아도 아직 공연 시간이 한참 남았다.

즐길 거리를 찾아 두리번거리다 해수사우나 목욕탕을 발견했다. 어른들은 해수사우나를 즐기고, 아이들은 물놀이로 신이 났다. 볼거리, 먹을거리, 즐길 거리가 풍부한 마량 육일장 참 재미있는 장터다.

누나가 새로 지어 준 옷을 입고 무대에 올라 우리들 사는 이야기와 노래로 즐거운 시간을 보내고는 목포로 향한다. 드디어 내일, 우리는 제주로 간다.

민정이 자전거는
육지에 두고 제주로

아침에 일어나 밖에 나와 보니 민정이 자전거가 없다. 수남이 낡은 자전거와 나란히 두었는데 새 자전거는 없어지고 낡은 자전거만 남았다. 공원을 다 둘러 봐도 보이지 않는다. '민정이가 많이 실망할 텐데 어떻게 이야기하지?'

아직 자고 있는 아내와 아이들을 두고 아파트 단지를 돌아 어제 봐 두었던 분식집에서 김밥 몇 줄을 사가지고 돌아와 보니 민정이 얼굴이 울상이다. 곧 울음을 터뜨릴 것 같은 얼굴로 "아빠는 왜 자전거를 묶어 두지 않았어요?"하며 항의한다.

"민정아, 아빠가 언제 집 문을 잠그고 다녔니?"

"아니요."

"아빠는 말이다, 누군가 우리 집에서 쉬고 싶으면 쉬고, 혹여 필요한 것이 있으면 가져가라고 모든 문을 열어놓고 다니는 거란다. 우리는 목포에서 박물관도 공짜로 가고, 공원에서 공짜로 놀고 잠도 자고 했으니까 고마운 마음으로 자전거는 여기에 두고 간다고 생각하자. 목포에 사는 누군가가 잘 타고 다니라고. 꼭 필요하니까 가져갔겠지, 응?"

"그런데 왜 내 자전거예요?"

민정이의 말에는 화는 좀 누그러졌지만 자기 자전거를 포기해야 한다는 서운함이 묻어났다. 착한 아이다.

"민정아! 영원한 내 것은 없는 거야. 좋게 생각하고 있으면 제주도에서나 육지 어디에선가 더 좋은 자전거가 생길 거야. 어서 배 타러 가자. 오늘은 제주도에서 놀자!"

"알았어요."

한숨을 푹 쉬며 대답하는 민정이, 많이 컸구나! 자전거 도난 사건에 대한 대화를 마무리하고 항구로 간다.

희수씨네 셋, 우리 일곱, 열 명이 움직이려니 아침 일찍 부산을 떨었지만 김밥도 먹지 못하고 겨우 시간에 맞춰 배에 올랐다. 식구가 많으니 객실 하나가 우리 차지다.

독감 메르스 공포 때문에 화려한 차림의 관광객은 찾아보기 힘들다. 배 안에 있는 대부분의 사람들은 일을 하기 위해 제주로 가는 사람들이다. 매일 커져만 가는 메르스 공포 분위기를 접하면서 '과장되지 않았나?'하는 생각이 들었다. 사람들이 모이고 만나는 것마저 자유롭지 못하게 하는 공포가 누군가에게는 큰 이득이 되고, 많은 사람들은 경제적 손해를 보거나 자유를 빼앗겼다. 누군가가 만들어낸 과장된 공포는 떨쳐 버려야 한다. 우리는 메르스 환자를 간호했던 간호사의 어머니와 밥도 같이 먹었고, 메르스 공포가 실재하는 것이라면 충청도, 강원도, 경상도, 전라도를 여행하고 제주도로 가는 우리 가족은 병균을 전국으로 옮기는 사람으로 격리되어야 마땅하다.

관광객도 별로 없고 있는 사람들마저 움츠러들어 있어 버스킹이 안 될 줄 알면서도 희수씨를 꼬드겨 제일 높은 갑판으로 악기를 들고

올라왔다. 갑판에는 너댓 사람만이 올라와 바람을 쐬고 있다. 사람들에게 노래를 들려주기보다는 슬픈 바다, 그리운 바다에게 노래를 불러주고 싶었다.

우리의 노래는 마주 불어오는 바람에 밀려 멀리 나아가지 못하고 우리에게로 되돌아 왔다. 저기 어디 즈음에서 꽃다운 아이들이 살려 달라고 울부짖으며 죽어갔겠지. 그들을 위로하기 위해 부르는 노래는 되돌아와 우리를 위로해 주었다. 위로라는 것은 누가 누구를 위해 하는 것이 아니라 서로에게 하는 것이구나! 울컥 눈물이 솟아올랐다. 우리는 그렇게 울고 웃으며 살아가는구나!

2부 · 우리는 함께 살아가지요

내가 누군가에게 도움을 주었다는 생각이 들면
그런 도움일랑 쓰레기통에나 던져 버려라.
도움을 주었다는 생각은 대가를 바라게 되고
대가가 돌아오지 않으면 서운한 마음이 생기기 마련이다.
서운한 마음은 도움 받은 이에게 부담이 되고 멀어지게 한다.

도울 수 있는 일이면 기쁜 마음으로 주고
힘든 일이면 그냥 내버려 둬라.
그냥 내버려 둬도 이루어질 것은 이루어지고
버려질 것들은 버려진다.

도움을 주는 사람도 도움을 받는 것이고
위로를 하는 사람도 위로를 받는 것이다.

우리는 함께 살아간다.

환영 잔치가
과하다

제주도를 천천히 한 바퀴 돌아 하예포구 쪽으로 갈 계획이었는데 태교여행에서 알게 된 형님이 좋은 사람들을 초대해 놓았다며 '춘심이네'로 당장 달려오란다. 느린 바람 여행자는 계획을 고집하는 법이 없다. 배에서 내려 곧장 '춘심이네'로 달려간다.

'춘심이네'는 고급스러운 식당이다. 인테리어도 깔끔하고 천정이 높아 시원한 느낌을 준다. 종업원들도 하얀 제복을 입고 테이블마다 한 사람씩 봉사를 한다. 가난한 여행자가 먹기에는 좀 부담스럽다. 2인분에 5~7만 원 하는 음식을 먹어도 될까? 잠시 생각하고 있는데 눈치를 알아차린 형님은 반가워서 사 주는 거니까 편안하게 먹으란다. 여행을 하며 판타지 소설을 쓰는 형과 중문에서 펜션을 운영하는 형과 인사를 나누고는 고마운 마음으로 이른 저녁식사를 한다. 배 안에서 점심을 부실하게 먹어서인지 아이들도, 어른들도 잘 먹는다.

식사를 시작한 지 얼마 되지 않아 형님과 살고 있는 그녀가 찬바람을 일으키며 나가 버린다.

"형! 무슨 일 있어?"

"아니, 좀 싸웠어. 별일 아니니까 밥이나 먹어."하며 얼버무린다. 뭔가 수상하다.

딱따구리 둥지(이하 '딱둥') 작가 형님 집 옆에 자리를 잡고는 막걸리 파티로 이어간다. 아니 딱히 막걸리 파티라고 할 수는 없겠다. 번지 형님은(유로 번지점프 놀이기구를 운영해서 생계를 꾸린다.) 독한 소주만 드시고 딱둥 형님은 순한 소주에 사이다를 타서, 오아시스 형님과 희수 씨는 아무거나, 나는 막걸리만 마신다. 한 상에 다양한 술이 올라와 있어도 누구 하나 불평하는 사람이 없다. 술잔이 몇 번 오고 가고 분위기가 무르익을 무렵, 번지 형님께 넌지시 물어본다.

"그녀하고는 왜 그래요? 작년 겨울에 진안에서 만났을 때는 둘이 살 집을 짓겠다고 했잖아요."

"야! 집이고 뭐고 너 이거 어떻게 생각하냐? 여자가 집을 나가서 무슨 공연을 본다고 사흘 동안 들어오지도 않고, 연락도 없고. 그것도 다른 남자들이랑."

화가 올라왔는지 인상을 찌푸리며 급하게 말을 쏟아낸다. 아, 질투심이구나!

"먹여 주고, 재워 주고 용돈도 주고, 그림 재료도 다 사 주고, 내가 다 해 줬는데 이게 말이 되냐?"

이야기를 하면서 화가 더 치밀었는지 언성도 높아졌다.

"응, 말이 되지요. 저는요, 만약에 애들 엄마에게 사랑하는 남자가 생기면 축복하며 보내 줄 거예요. 내가 대상을 사랑하는 것은 자유지만 사랑의 대상을 소유할 수는 없는 거잖아요. 어쩌면 사랑의 대상을 자유롭게 해 주는 것이 더 큰 사랑 아니겠어요?"

이쯤 되면 대화가 불가능할 것 같기도 하고 질투심이야 사랑하기 때문에 일어나는 것이니 그리 큰 문제는 아니다 싶어 극단적인 대답으로 대화를 마무리해야겠다고 던진 말에 번지 형님이 울음을 터뜨렸다.

"길수야, 나는 그녀 없이 못 산다. 네가 좀 도와줘라."

참 눈물도 많다. 여리고 여려 눈물이 많은 오빠를 사랑한다던 그녀의 말이 떠올랐다.

"알았어요. 알았으니까 오늘은 그만 들어가서 자고 어떻게 도와줄지는 내일 이야기하자, 형!"

고개를 푹 숙이고 걸어가는 형의 뒷모습을 보니 사랑받고 싶어 하는 큰 애기 같다는 생각에 웃음이 나왔다. 눈물 소동이 한바탕 지나고 민정이가 귓속말로 물어왔다.

"아빠! 삼촌은 왜 울어?"

"응, 별일 아냐!"

"아빠! 아빠! 근데 나 저 자전거 타 봐도 돼?"

민정이는 뭔가 부탁할 일이 있으면 아빠를 두세 번 부른다. 그러고 보니 민정이는 아까부터 예쁘게 생긴 딱둥 형님 자전거에 눈독을 들이고 있었다. 딱둥 형님에게 아침에 있었던 소동을 이야기했더니 여기에 있는 동안에는 마음껏 타도 된다고 허락해 주신다.

"민정아, 봐라 아침에 잃어버린 자전거보다 더 예쁜 자전거가 생겼지? 비록 네 것은 아니지만 타고 놀 수만 있으면 되잖아. 내 것만 고집하면 내가 가질 수 있는 것은 몇 개 안 되지만, 우리 것이라고 생각하면 많은 것을 가질 수 있단다. 좋지?"

"응, 아빠."

민정이의 웃음으로 살짝 무거워졌던 분위기가 풀렸다.

하예포구에
살다

　제주도 구석구석을 여행하며 살아 볼 요량으로 여행을 떠나 왔지만 그녀와 번지 형님의 문제가 해결될 때까지는 하예포구에 살아야 한다. 포구에는 배가 한 척도 없다. 주민들의 어로작업을 돕고 관광상품을 만들기 위해 방파제와 시설물을 설치했지만, 바람의 방향과 해류를 잘못 계산해서 파도가 방파제 안으로 밀려오는 바람에 시설물들이 쓸모가 없어졌다.

　아침 산책길, 용천수 물웅덩이에서 커다란 장어를 만났다. 포구 공사를 하면서 시멘트벽에 바다로 나가는 물길이 막혀 버렸는데도 장어가 산다. 물은 어떻게든 시멘트벽을 뚫고 바다로 이어지는 길을 냈나 보다. 자연의 복원력은 정말이지 대단하다.

　용천수 물웅덩이도 예쁘고 큰 코지(바다 쪽으로 뻗어 나온 갯바위)로 오르는 야트막한 언덕에는 약수터와 정자가 있다. 작은 소나무숲을 지나면 바다를 바라보고 돌담을 쌓은 밭이 펼쳐지고, 길은 '논짓물'로 이어진다. 예쁜 올레길인데 가끔 찾아오는 낚시꾼을 제외하면 우리 식

구들 말고는 찾는 이들이 없다.

오아시스 형님이 물고기를 잡아 찬거리를 하라며 쓸 만한 낚싯대 두 개를 주셨다. 역시나 수남이가 제일 좋아한다.

수남이는 다섯 살 때부터 바다낚시에 맛을 들였다. 수남이는 낚싯대를 받아들자마자 물고기잡이에 나섰다.

요즈음 하예포구에는 문어와 벵에돔, 독까시치(화가 나면 무섭게 솟아오르는 지느러미에 독이 있어, 쏘이면 병원에 실려 갈 정도로 아프지만 독특한 향이 있어 맛이 좋다)가 나온다. 바닷물 온도가 좀 더 올라가면 먼 바다로 나갔던 긴꼬리 벵에돔이 돌아오고 한치와 무늬오징어가 들어올 것이다. 때만 기다리면 식탁이 더욱 풍성해지겠다. 동생들은 간식을 먹으며 오빠가 뭔가 잡아 올리기를 기다리고 있다. 가짜 미끼로 문어를 노리고 있지만, 밤에 주로 활동하는 문어가 잡힐 확률은 적다. 한 삼십 분 동안 열심히 던지더니 그만 포기하고 만다.

빈손으로 돌아온 수남이는 어깨가 축 늘어졌다.

"아빠, 아무것도 안 잡혀요."

"수남아, 물고기도 좋아하는 먹이가 다 다르고, 움직이는 때가 다르단다. 문어는 저녁에 잡아야지 지금은 때가 아니야. 내일은 아빠랑 삼촌이랑 진짜 미끼를 써 보자."

수남이는 금세 얼굴이 환해진다.

아이들에게
직장(?)이 생기다

번지 형님이 초췌한 모습으로 나타났다. 헝클어진 머리는 모자로 감추었지만 얼마나 울었는지 퉁퉁 부은 눈과 울긋불긋 상기된 얼굴은 어쩔 수 없다.

'어제도 그녀가 돌아오지 않았다. 나는 그녀 없이는 아무것도 할 수가 없다. 그러니 유로번지 돌리는 일을 도와줘라. 아이들도 한 명씩 데려가서 번지를 태워 주면 사람들을 모을 테니 하루에 만 원씩 용돈을 주고, 수익금의 30%는 너희 가족이 가져가고 장 보는 것도 내가 책임지겠다.'고 제안을 한다.

곁에서 조용히 듣고 있던 가족들에게 동의를 구하고는 '당분간'이라는 조건으로 승낙했다.

"아빠, 그럼 우리도 직장이 생기는 거야?"

용돈을 받을 수 있다는 생각에 아이들은 좋아한다. 어른들로서는 거리공연으로 생계를 꾸리면서 제주 구석구석을 여행하겠다는 계획이 유보되었으니 그리 반가운 제안은 아니다.

아빠 마음을 아는지 모르는지 아이들은 신이 나서 누가 먼저, 어떤 순서로 직장(?)에 나갈 것인지를 정하느라 시끄럽다. 이왕에 일이 이렇게 되었으니 아이들처럼 순수한 마음으로 기쁘게 일을 도와야겠다.

오아시스에
가다

오아시스 형님이 펜션 '오아시스'에 초대해 주셨다. 펜션에서 아이들 목욕도 시키고, 세탁기에 빨래도 하고, 삼겹살 파티도 하자고 한다. 주말이라 예약 손님이 많으니 펜션 정원에서 공연을 하면 음반과 책도 좀 팔 수 있을 테고, 형님 입장에서는 음악이 있는 펜션으로 홍보가 될 터이니 여러모로 좋겠다고 말씀하신다. 세심한 배려가 고맙다.

오아시스는 중문 관광단지와 안덕계곡 사이에 있다. 옥상에 올라가면 북으로는 한라산이 보이고, 남으로는 멀리 바다가 보인다. 바다와 제법 떨어져 있어 한여름 남쪽바다에서 불어오는 습한 바람을 피할 수 있고, 한겨울에는 한라산이 북풍을 막아 주어 살기 좋은 곳에 자리를 잡았다. 작은 공연을 즐기며 쉴 수 있는 데크도 좋고, 형님이 직접 잡아온 자연산 회를 먹을 수 있도록 만들어 놓은 수족관과 식당도 좋다.

펜션 손님들도, 우리 식구도 형님이 피워 준 좋은 참숯에 고기를 구워 먹는다. 희수씨네와 우리 가족을 알아보는 손님들과 막걸리 잔을 주거니 받거니 하다가 자연스레 공연 분위기가 만들어졌다. 가까이 앉아 노래를 불러 주고 이야기도 나누는 분위기가 좋다. 손님 중에는 희수씨의 오래된 팬도 있다.

좀처럼 신청곡을 받지 않던 희수씨가 기분 좋게 신청곡을 받는다. 희수씨의 히트곡 '그 어느 겨울'을 끝으로 펜션 공연이 마무리되었다.

오아시스 형님은 마지막 곡을 부르기 전에 음반과 책이 있고, 가수와 글쓴이가 서명도 해준다는 말을 빼먹지 않는다. 음반과 책까지 팔아 여비가 생겼으니 내일은 어디로 놀러나 갈까?

비 오는 날은
요렇게

새벽부터 비가 내린다. 버스 지붕 위로 떨어지는 빗소리가 요란하다. 하루 종일 내릴 비다. '오늘은 어디 가서 놀까?' 생각하고 있는데 오아시스 형님이 아침을 먹자고 부른다. 어머니께서는 펜션 손님을 대상으로 예약을 받아 식당을 하시는데, 오늘은 우리 가족을 위해 음식을 넉넉히 준비해 주셨다. 함경도 태생인 어머님 음식 솜씨가 굉장하다.

"형! 어머님께서 맘먹고 식당을 운영하시면 펜션 수익보다 훨씬 더 많겠는데?"

"응! 그래도 연세가 있으신데 힘드시지. 여기 식당 수익은 다 어머니 몫이야. 가끔 손님이 많을 때는 어머니 일을 도와 드리고 내가 용돈을 받기도 해."

어머니 덕분에 아침시간이 여유로워졌다. 고마운 마음에 비도 오고 하니 조조할인 영화나 보러 가자고 제안했지만, 오아시스 형님은 수족관에 고기가 떨어져서 낚시를 해야 한다며 사양한다. 어제는 바람이 불어 바다가 뒤집어졌고 오늘은 조용히 비가 내리니 큰 물고기가 나오겠다. '나도 낚시나 따라 갈까?' 하다가 아이들을 위해 낚시는 다음으로 미룬다.

조조할인 시간을 놓칠까봐 서둘러서 극장에 왔는데 어린이 영화는 할인 시간대에 없다. 어른들만 영화를 볼 수도 없고 몇 시간을 멍하니 기다릴 수도 없어서 닥종이박물관에 갔다. 제주도에는 아이들이 좋아할 만한 박물관이 많지만 가난한 여행자 형편에는 입장료가 비싸다. 닥

종이박물관은 입장료가 싸고 표정까지 살려 섬세하게 만든 인형들이며 예쁜 장신구, 생활소품, 예술작품들이 전시되어 있다. 인형 만들기 체험도 할 수 있어 아이들이 (다 커버린 수남이는 빼고) 좋아한다.

영화를 보고 늦은 점심을 느리게 먹고 나서도 비는 그칠 줄을 모른다. 활동에너지가 넘쳐나는 아이들이 집 안에만 있기는 힘든 일이다. 비를 피하며 놀 수 있는 공간을 찾다가 항공우주박물관에 갔다.

체험시설을 즐기려면 코너마다 입장료를 내야 하지만 로비에 있는 어린이 상

상공작소까지는 무료다. 아이들은 안전한 공간에서 에너지를 발산하며 놀고, 어른들은 인솔자 휴게실에서 공짜커피를 마시며 노닥거린다. 다들 만족해하며 있는데 혼자서 여기저기 기웃거리던 수남이가 아빠를 부르러 왔다. 입구에 있는 매장에서 발견한 드론을 사 달란다. 역시나 사내아이라 그런지 관심사가 다르다.

"아빠가 지금은 돈이 없어서 못 사 주는데 수남이가 직장 나가니까 만원을 벌면, 천 원은 아빠 주고 구천 원은 모아 두었다가 드론을 사라. 어때?"

"좋아요, 아빠."

가난한 아빠를 불평 한마디 없이 잘 받아들인다. 고맙다, 수남아! 비 내리는 날도 요렇게 하루가 간다.

물고기잡이
또는 줍기

아침 산책길에 양동이와 뜰채를 들고 가는 탱자 삼촌(제주에서는 나이가 10년 넘게 차이가 나면 남녀 구분 없이 '삼촌'이라 부른다.)을 만났다. 아침 인사를 나누고, 뜰채로 뭘 하려나 싶어 물으니 멜(큰 멸치)을 잡으러 간다 한다. 오늘 새벽 대평리 앞바다로 쌍끌이 배가 지나가면서 조수웅덩이로 작은 물고기들이 떠밀려 왔다가 물이 빠지면서 나가지 못하고 갇혀 있단다. 아침부터 기쁜 소식을 가지고 집으로 간다. 아침밥을 가볍게 먹고 온 가족이 물고기잡이에 나섰다.

대평리 앞 바다는 현무암 줄기가 완만하고 넓게 뻗어 있다. 대평리를 제주 방언으로는 '난드르'라고 하는데 땅만 평평한 것이 아니라 바다 밑도 평평해서 조수웅덩이(오랜 세월 밀물과 썰물에 씻겨서 생긴 웅덩이로 바다 생명들의 산란장이고 어린 생명들이 자라는 곳이다.)가 형성되기에 좋은 환경이다. 마을 사람들은 벌써 고기잡이를 끝내고 젓갈을 담고 있다. 멜젓은 몇 가지 양념을 넣고 끓여서 고기를 찍어 먹거나 밥을 비벼 먹으면 맛이 끝내준다. 난드르 바당(평평한 바다) 조수웅덩이에는 물 반, 물고기 반이다. '물고기가 이렇게나 많은데 마을 주민들은 다 어디로 갔지?'하고 생각하는데 아이들은 벌써 물속으로 들어간다.

물고기가 워낙 많아서 소쿠리로 건져 내면 될 것 같았는데 쉽지가 않다. 물고기는 우리보다 훨씬 빠르다. 방법을 바꾸어 두 명은 웅덩이가 좁고 낮아지는 곳에서 소쿠리를 들고 기다리고, 나머지 식구들은 물에 들어가 물장구를 치고 노래를 부르며 구석으로 몬다. 두어 명은 계속 물장구를 치면서 물고기가 도망가지 못하도록 좁은 목을 지키고, 나머지 식구들은 소쿠리로 물고기를 건져 양동이에 담거나 바위 위로 퍼 올려 맨손으로 줍는다. 고기잡이인지 물고기 줍기인지 모르겠다.

노래가 절로 나오는 고기잡이다. 고기몰이 몇 번에 준비해 온 양동이가 가득 찼다. 잡은 물고기를 들여다보니 멜은 많지 않고 고등어 새끼와 정갱이가 대부분이다. 동네 사람들이 없는 이유를 알겠다. 우리는 멜젓을 담글 형편도 아니니 고마울 따름이다. 멜은 골라내어 된장국을 끓이고, 고등어는 회를 떠서 냉동실에 살짝 얼리고 익은 김치를 넣고 조려 놓았다. 이삼 일간은 고등어조림이 밑반찬이다. 국물을 내는 데 좋다 해서 정갱이는 소금물에 살짝 삶아서 말려 놓았다. 매일 낚시하는 오아시스 형님께 자랑삼아 전화를 했다.

"형! 오늘은 뭣 좀 잡았어요? 우리는 형이 일 년 동안 잡은 물고기 마릿수보다 많이 잡아서 저녁에 생선파티를 하려는데, 우리 집으로 오세요. 회, 지짐, 국 다 있으니 몸만 오시면 돼요."

횟감용 큰 물고기만 낚는 형님은 어이가 없겠지만 물고기잡이 또는 줍기로 행복한 하루다.

그와 그녀의
이야기

그녀가 돌아왔다. 돌아오기는 했지만, 무슨 큰 문제가 생겼는지 번지 형님의 도움을 요청하는 전화로 하루가 시작된다.

"길수야, 지금 바로 와서 우리 이야기 좀 들어줘라."

상대방 상황은 아랑곳하지 않고 전화를 끊어버린다. 다급한 사정이 있는 모양이다. 부슬부슬 내리는 비를 맞으며 형님 집으로 걸어간다. 간밤에 무슨 일이 있었던 걸까? 문을 열고 들어서니 사람도, 집도 꼴이 말이 아니다. 지난 봄에 둘이서 공방에 다니며 정답게 만들었다는 침대 겸 평상에는 안주거리와 술병들이 어지럽게 놓여 있고 그녀는 살림을 정리해서 거실에 쌓아 두었다. 그녀는 그를 떠나려나 보다.

작년 봄에 그와 그녀를 처음 만났을 때 그들은 오누이 같기도 하고 연인으로 보이기도 하는 아름다운 관계였다. 그녀는 캠핑버스에서 그림을 그렸다. 버스 앞에는 비어바이크를 놓고 가끔 지나가는 올레꾼들에게 커피와 라면, 그녀의 그림이 인쇄된 옷과 엽서를 팔았다. 그는 막노동을 해서 생활비와 그녀의 그림 재료비를 마련하며 살았다. 재능이 있는 예술가를 헌신적으로 뒷바라지하는 오빠이자 연인이었다. 보기에 좋았다.

불과 두어 달 전에 진안에 놀러 온 형은 이야기했다. '조그마한 땅을 사서 집을 짓고, 그녀가 그린 그림을 형이 만든 액자에 넣어 전시회도 열 계획이니 좀 도와줘라.' 내가 알고 있는 것은 그들의 아름다운 모습

뿐이었다.

술병들을 치워 자리를 만들고 앉아 축 늘어져 있는 그와 그녀에게 내가 먼저 물었다.

"번지 사업은 번창하는 것 같은데 전시회 준비는 잘 돼가요?"

현재의 상황을 이해할 수 없어 둘 관계가 아름다웠던 때나 할법한 질문을 던졌다. 한참동안 고개를 숙이고 있던 형이 입을 열었다.

"내가 뭘 잘못했는지 네가 판단 좀 해 줘라."

형의 이야기는 이렇다. 형은 몇 년 전에 육지에서 운영하던 놀이기구를 가지고 제주도에 왔다. 규모가 큰 리조트와 계약을 해서 놀이기구를 운영했는데 벌이가 괜찮았다. 숙소로 이용하던 펜션 주인과 인연이 되어서 돈을 더 많이 벌어볼 욕심으로 펜션 운영까지 맡았다. 펜션 청소를 도와줄 사람 구하기가 힘들었다. 놀이기구 돌리고 청소하고 손님 받고 혼자서 하기에는 너무 힘들었다.

그때 그녀가 손님으로 놀러 왔다. 사정을 이야기 했더니 그녀는 펜션 관리를 맡아 주었다. 놀이기구 일을 마치고 돌아오면 펜션은 깨끗하게 정리되어 있고 따뜻한 밥상도 차려져 있었다. 그녀에게 고맙고 행복한 날들이었다. 아직 이혼소송이 정리되지 않아 미안했지만 그녀는 사랑하기만 하면 상관없다며 살림을 차렸다. 그녀와 함께 있는 시간이 좋아서 놀이기구는 임대를 주고 펜션 일과 그녀에게 몰입했다.

놀이기구를 임대한 사람은 임대료를 제때 주지 않고 펜션 수입은 변변치 않아서 아이들 양육비와 생활비를 감당하기가 어려워졌다. 그래서 펜션 운영을 그만두고 비어바이크 사업을 시작했는데, 그 사업은 더 큰 실패를 불러와 생활이 더 곤궁해졌다. 양육비 보내는 것도 중단하고 막노동을 하면서 그녀의 뒷바라지에 전념했다. 살림이 힘들었어도 그

때까지는 행복했다.

작년에 놀이기구 임대기간이 끝나고 놀이기구를 돌려받아 자질구레한 것들은 팔고 유로번지만 남겨서 사업을 다시 시작했다. 돈이 제법 벌려서 양육비도 보내고 생활도 넉넉해졌다.

그녀에게 미안한 마음에 여러 번 전처에게 이혼을 요구했지만 전처는 너무 많은 위자료를 요구했고, 심지어 홀어머니가 가지고 계신 건물마저 욕심을 내는 바람에 이혼절차를 끝내지 못했다. 몇 억 원어치 놀이기구를 들여와서 유로번지 하나만 남고 다 까먹었다.

나는 그녀에게 모든 것을 다 해 줬다. 먹여 주고 재워 주고 입혀 주고 술 사 주고 그림 그리게 해 주고, 내가 다 해 줬다. 저기 있는 그림들 다 내꺼다. 내가 까먹은 돈이며 벌어들인 돈이 어디로 갔겠니? 다 저 뱃속으로 그림으로 들어갔다. 번지 형님은 아직 할 이야기가 남아 있는지 숨을 고르고 있는데 그녀가 눈물을 흘리며 한마디 한다.

"오빠! 그러니까 이제 그만 두자고. 나도 정말 숨 좀 쉬면서 살고 싶다고."

눈물을 훔치고는 그녀가 이야기를 꺼냈다. 그녀는 대학을 졸업하고 치기공사로 일을 했다. 일도 그리 힘들지 않고 보수도 좋았지만 매일 똑같이 반복되는 생활이 지겨워졌다. 몇 년 동안 돈을 모았다. 사표를 쓰고는 몇 개월만 다녀올 생각으로 동남아로 배낭여행을 떠났다.

여행에서 만난 자유는 그녀를 중독시켰고, 한국으로 돌아올 수 없도록 만들었다. 자유는 그녀의 예술적 감각을 깨어나게 했다. 그녀는 자유, 사랑, 평화에 대한 영감을 받아 그림을 그렸다. 여행경비가 떨어지면 그림을 팔고, 팔찌나 목걸이를 만들어 팔아 경비를 마련했다.

그렇게 몇 년을 떠돌다가 잠시 한국에 들어와 제주도에 여행을 왔다.

여행지 숙소에서 오빠를 만났다. 외로워서 울고, 사랑이 고파서 울고 하는 여리고 여린 오빠를 만났다. 위로해 주고 싶었는데 사랑하게 되었다.

몇 달을 살다 보니 계산적이고 자기중심적인 오빠의 생활방식에 숨이 막혀왔다. 친구를 만나러 가는 잠깐의 여행도 허락되지 않았다. 구속이야말로 진정한 사랑이라 믿는 오빠가 싫어져 떠나기로 마음먹었다. 오빠는 자기가 변하겠다며 울면서 붙잡았다. 울고 있는 외로운 남자를 뿌리칠 수 없어 자신이 변하겠다는 약속을 믿어 보기로 했다. '사랑하니까 붙잡는 거야. 이번에는 정말로 변할게.'하면서 또 울고 하기를 반복했지만 단 한 번도 약속을 지킨 적은 없었다. 눈물이 마르고 며칠이 지나면 그 전보다 심한 구속이 따라왔다.

아무리 사랑해 주고 위로해도 오빠의 허기진 사랑, 깊은 외로움은 채워지지 않았다. 더욱 심하게 구속하려고만 들었다. 그림을 그리면서 몇 년간 오빠의 폭력을 견뎌 왔다.

"오빠! 이제는 내가 죽을 것만 같아서 떠나야겠어."

얼마간의 침묵이 흐르고 집 앞에 그녀의 캠핑버스가 멈춰 섰다. 히피 스타일을 한 남자가 그녀를 부른다.

"저런 놈들 만나려고 나를 떠나는구나?"

그는 밖을 내다보며 차갑게 중얼거린다. 화가 치밀어 오른 그는 "그림은 내꺼야! 다 놓고 가!"하며 소리를 지른다. 남자가 들어오면 화가 폭력으로 이어질 것 같다. 손짓으로 남자를 들어오지 못하게 하고 형을 다독인다.

"누가 잘하고 잘못하고는 없어. 서로 사랑한 것은 맞는데 서로 다른 사랑을 했을 뿐이야. 이제는 그녀를 놓아 줘야 해."

형은 마지못해 고개를 끄덕인다. 내가 가벼운 살림과 그림들을 밖으로 내주고 남자가 받아 버스에 실었다. 몇 년간의 사랑이 이리도 가볍게 떠나는구나! 그녀가 떠나고 어둠이 내렸다. 이제는 내가 그녀의 심정이 되었다. 울고 있는 남자를 혼자 둘 수 없어 술잔에 소주를 부어주며 그가 잠들기를 기다린다. 화장실에 다녀온 그가 취해 중얼거린다.

"왜 아무 느낌도 없지? 나는 그녀 없이는 못 산다. 표백제 한 통을 다 먹었는데."

하고는 쓰러진다. 화장실에 가 보니 표백제 통이 비어 있다. 119에 신고를 하고 구급차를 기다리면서 그녀에게 전화를 걸었다.

"저예요. 형이 표백제 한 통을 다 마셨어요. 다시 돌아오시면 안 될까요?"

"아니요, 그럴 수 없어요. 걱정 마세요. 전에도 그랬어요. 마셔도 죽지 않는다는 거 알면서 그런 거예요. 다시는 오빠 일로 전화하지 마세요. 그래도 사랑이 남아 있을 때 힘들게 떠나는 거니까요."

자살을 시도한 사람에 대해 너무 냉정한 대답이었지만 어쩌면 그녀가 살기 위해서는 어쩔 수 없는 일이겠다. 그와 그녀를 따로 떼어 놓고 보면 아름다운 사람들인데 어쩌다 인연이 이렇게 꼬였을까? 아름다운 사람들을 아름다운 인연으로 만드는 묘약이 있었으면 좋겠다.

응급실에서 치료를 받았다. 의사는 '생명에는 지장이 없지만 위에 천공이 생겨 고생할 수도 있고 다시 자살 시도를 할 수 있으니 입원치료와 상담치료가 필요하다.'고 한다. 깊이 잠들어 있는 그를 오래도록 지켜보다가 집으로 돌아왔다. 식구들은 모두 잠들어 있다. 긴 하루다.

거래 아닌
거래를 하다

아침 산책길에 비슷한 시간, 비슷한 장소에서 만나는 삼촌이 있다. 며칠 동안은 서로 고개 숙여 인사를 하며 스쳐 지나기만 했는데 오늘은 말을 걸어왔다.

"뭐 하는 사람이슈?"

걸걸한 충청도 말씨에 에너지가 넘친다.

"저~기 하예포구에 있는 버스가 저희 가족의 집이구요. 여행하는 사람입니다."

"매일 순찰 돌면서 봤는데 인생 참 재밌게 사는 사람이구만! 우리 집에도 한 번 놀러 오슈."

"딸린 식구가 아홉인데 괜찮겠습니까?"

"거 참, 나 저기 대평에서 통나무펜션 운영하는 사람이요. 30평 독채로다가 내 줄 테니 편하게 와서 먹고 자고 놀다가 가쇼."

"네. 고맙습니다."

그나저나 '이사를 가야 할 때가 되었다.' 생각하고 있었는데 초대하는 자리가 생겨서 잘 됐다. 아침을 차려 먹고 늘어 놓았던 살림살이를 정리해서 대평포구로 이사를 간다.

대평과 하예는 바로 옆 동네인데도 분위기는 영 딴판이다. 하예는 오가는 사람도 없이 푹 가라앉아 있지만 대평에는 게스트하우스며 카페, 피자가게, 횟집, 펜션에 호텔까지 성업 중이다. 포구 앞 주차장에 자리를 잡고 테이블과 의자를 펴고 있는데 희수씨가 커다란 감성돔을 안고 뛰어 온다. 얕은 물로 올라온 놈을 뜰채로 건져냈단다. 우리 가족 이사 소식을 바다가 들었나? 이사 선물로 이렇게나 큰 물고기를 주다니, 바다야! 고맙다. 우리 식구가 회로 먹기에는 상차림이 어설프고, 포구 앞 횟집 주인에게 인사도 할 겸해서 감성돔 45㎝짜리를 선물로 드렸다. 횟집 사장님은 주말에 몰려드는 손님에게 팔면 20만 원은 족히 받겠다며 환하게 웃으신다.

느린 바람 여행자 가족의 이사 소식에 환영잔치가 벌어졌다. 횟집 사장님은 대왕문어를 들고 오시고, 포구 앞 작업실에서 그림을 그리는 선생님께서는 아이들을 위해 통닭을 가져오셨다. 이웃에 사는 분들은 술이며 안주거리를 챙겨 오셨다. 뜻하지 않게 환영잔치가 커졌다. 감성돔 한 마리가 문어로, 통닭으로, 여러 가지 음식들로 변했다. 주차장과 공중화장실, 물과 전기를 신세져야 하는 여행생활자로서는 당연히 해야 할 인사치레를 한 것뿐인데 물질과 마음이 몇 배로 돌아왔다. 우리는 노래로 고마운 마음을 대신했다. 선의는 선의로 돌아오고, 고마움은 고

마음으로 돌아온다.

대평 바다는 풍요롭다. 수심이 완만해서 바다 농장이라 부를 만큼 소라와 문어가 많이 나는 곳이 있고, 해안 절벽이 있는 박수기정으로 가다 보면 굵은 몽돌이 깔린 바다가 나오는데 여기에서는 한가롭게 해수욕을 즐길 수 있다. 운이 좋으면 문어를 건질 수도 있다. 어린애들은 해수욕으로 신나게 노는데 장남인 수남이는 물안경을 쓰고 들어가 바다 속 세상을 관찰하고 먹을 만한 것들도 줍는다.

병풍처럼 펼쳐진 해안절벽인 박수기정 아래에는 수심이 깊어 황소만한 다금바리가 산다. 해녀 할망(할머니)들은 작살질을 하다가도 대평 바다를 지켜주는 다금바리가 나타나면 예를 올리고는 물질을 그만둔다. 욕심을 부렸다가는 자신에게는 물론이려니와 동네에 해가 미칠지 모르니 조심해야 한다는 것이 해녀들의 생각이다. 그렇게 큰 다금바리면 몇 백만 원은 할 텐데 대평 바다를 지키는 수호신으로 여기며 다금바리의 영역을 지켜주는 해녀의 마음이 곱다.

대평에는 작살질을 전문으로 하는 해녀 두 분이 사는데, 작살로 잡은 물고기는 낚시나 그물로 잡은 것보다 육질이 좋아서 비싼 값으로 팔린다. 예약손님을 받을 정도로 인기가 좋다.

오랜 세월 거센 파도에 풍화된 박수기정 앞 갯바위는 부드럽고 수심도 깊어서 큰 물고기를 낚기에 좋은 장소다. 삼촌들을 따라 나선 수남이도 오늘은 제법 큰 물고기들을 낚았다. 육질이 단단하고 살이 많지 않은 벵에돔은 조림을 해먹고, 수온이 올라가 살이 푸석해진 숭어는 포를 떠서 전으로 먹었다. 수남이는 야생에서 사는 맛을 안다.

대평에서 수남이는 고기 잡는 법을 배우고 동생들은 화가 선생님으로부터 그림을 배웠다. 여행은 늘 그렇게 배움의 연속이다.

군산에
살다

날씨가 무척 더워졌다. 이제는 본격적인 여름 날씨로 접어들었다. 바람이 불지 않으면 아스팔트에서 올라오는 열기를 견디기가 힘들다. 더위를 피해 조용한 숲, 군산으로 들어왔다.

사실 군산은 산이 아니라 오름이다. 봉우리가 없으니 당연히 '오름'이라는 이름이어야 한다. 분화구가 있는 오름은 여성성을 상징하고 봉우리가 있는 산은 남성성을 상징한다. 화순과 모슬포 사이에는 산방산이 있는데 안덕면과 예래동 일대에는 오름밖에 없다. 산방산이 부러웠던 이 지역 사람들은 근처에서 가장 높은 산에 '군산'이라는 이름을 붙였다. 동네 사람들은 군산을, 집안을 지켜 주는 아버지로, 대를 이어갈 든든한 아들로 생각하며 살아왔다.

'군산 등산로 입구'라는 표지판을 따라 좁은 마을길을 통과해 올라오니 대평과 하예, 예래동이 한눈에 내려다보인다. 간이화장실이 있고 잔

디밭, 쉴만한 정자, 산으로 오르는 산책로에는 지압체험 코스도 있어 아이들이 안전하게 놀기에 좋다.

오솔길을 따라 십 분 정도 올라가면 오래된 약수 '구시물'을 만난다. 한라산이 내어주는 생명수는 중산간에 있는 생명의 숲 '곶자왈'에 머물다가 가지를 뻗어 작은 개울로 흐르기도 하고, 바닷가 마을로 이어지면 용천수로 터져 나온다. 보통은 그러한데 바닷가 용천수로 곧장 가지 않고 군산 오름으로 이어진 물줄기가 신기하다. 세상이 아무리 가물어도 마르지 않는다고 하니 고마운 물이다. 어른 서넛이 들어가 앉을 만한 동굴에는 오래된 이끼를 타고 방울방울 약수가 떨어진다. 바위틈에서 나오는 물이 아니라 커다란 바위동굴이 온 몸을 짜서 내어 주는 물이다. 사람들의 발길이 뜸해 어지러워진 약수터를 청소하고 새로운 물을 받았다. 방울방울 떨어지는 물이 많지 않아 물을 뜨는 시간이 오래

걸리기는 하지만 고즈넉한 숲에서 물방울 떨어지는 소리를 들으며 돌절구에 물이 차기를 기다리는 시간도 참 좋다. 구시물을 마시면 아들이 생긴다는 이야기도 있고 하니 수남이에게 남동생이나 하나 만들어 줄까?

약수를 받아 내려오는 길에서는 고라니도 만나고 요란하게 날아오르는 꿩도 만난다. 아이들도 약수 뜨러 가는 길을 좋아한다. 새끼 고라니를 잡겠다며 풀숲을 달리고 숨바꼭질에 술래잡기로 조용하던 숲이 요란하다. 혼자 가면 삼십 분이면 왕복할 거리를 아이들과 함께 가면 한 시간이 넘게 걸린다. 무거운 물통을 들어 나르는 일이 힘들기는 하지만

여기가 천국이다. 그냥 이렇게 평
생을 살아도 좋겠다.

지리산에서 심마니로 사는 형
님 가족이 놀러 왔다. 제주에 오
고 싶은 마음에 열심히 산을 뒤져
오래된 산삼을 발견했다며 장도
푸짐하게 봐 주셨다. 고마운 마음
에 군산 숲속 작은 음악회를 열었다. 고기를 삶고 몇 가지 음식을 차리
고는 여행 중에 만나 인연이 된 분들도 초대했다. 아이들도 신이 나서
이리 뛰고 저리 뛰고 난리법석이다. 아들 낳는 물도 주고, 뜨거운 여름
을 시원하게 품어주고, 아이들의 놀이터가 되어 준 고마운 군산이 노랫
가락과 웃음소리로 흥겹다.

좀 더 머물고 싶지만 내일부터 등산로 정비와 운동기구 설치공사가
시작된다고 하니 자리를 비워 줘야 한다. 공사가 끝나면 살기 좋고 놀
기 좋은 군산에 다시 와야겠다.

내일은 어디로 갈까나?

안덕계곡에서
생긴 일

큰 바람이 불어 올 것이라는 소식에 안덕계곡 유원지 주차장 화장실 옆에 집을 세웠다. 야트막한 동산이 주차장과 닿아 있어 바람을 막아 줄 테고 정자도 두 개나 있으니 비가 내려도 밖에서 놀 수 있겠다. 화장실도 가깝고 근처에는 슈퍼와 분식집도 있어 간단한 장을 보거나 식당을 이용할 수도 있겠다.(며칠씩 비가 내리면 매 끼니를 좁은 버스에서 다 해결하기가 힘들다.)

안덕계곡은 큰길 아래쪽에 숨겨져 있어 마음먹고 찾아오지 않으면 지나치기 쉽다. 이정표를 따라 계단을 내려오면 기암절벽 사이로 흐르는 맑은 물이 예술이다. 나뭇잎 사이로 언뜻언뜻 비치는 햇살을 감상하며 물길을 따라 걷다 보면 신비로운 세계에 들어 온 기분이 든다. 계곡 밖은 비 오기 전이라 후덥지근한데 계곡 안쪽은 그늘인데다가 차갑고 맑은 물 때문에 소름이 돋을 정도로 시원하다. 비바람을 피해 이곳에 자리를 잡은 것이 행운이다. 만약 큰 비가 내린 다음에 계곡에 들어왔다면 이렇게나 아름다운 계곡을 온전히 감상하지 못했겠다.

아이들과 신비한 세계로 이어진 시원한 물길을 걷는다. 계곡 안에 울려 퍼지는 아이들의 메아리가 행복을 노래한다. 물길을 따라 내려가다 보면 큰 웅덩이가 나오는데 이곳에는 붕어, 잉어, 메기가 살고 있다. 제주 사람들은 민물고기에 관심이 없어서 개체 수도 엄청 많다. 큰 비가 지나고 나면 몇 마리 잡아서 붕어찜이나 해 먹을까? 사냥꾼 수남아!

몇 마리 부탁한다.

　집이 흔들리는 바람에 눈을 떴다. 시간을 보니 새벽 2시 30분이다. 벌써 바람이 불기 시작했나? 아니다, 누군가 "나와! 나와 보라고. 야, 이 XX야!"하며 소리를 지른다.

　옷을 입고 있는데 이번에는 희수씨네 집에서 '쿵쿵'하고 뭔가 부서지는 소리가 요란하다. 부랴부랴 나가 보니 승합차가 주차장을 빠져 나가는 중이고 희수씨네 집은 범퍼가 구부러지고 전조등이 박살 났다. 어제 이사를 와서 누구를 만난 적도 없고, 건설장비 두어 대만 서 있는 주차장인데 누군가 불만을 가질 이유도 없다. 누구지? 누가 우리에게 적의를 품고 해코지를 했을까? 아무리 생각해 봐도 이유가 없다.

　다행히도 다친 사람은 없다. 새벽이니 신고는 내일 아침에 하기로 하고 다시 잠을 청하지만 쉬 잠이 오질 않는다. 왜일까? 그 사람은 왜 화가 나 있었을까?

　아침 일찍 경찰서에 사고 접수를 했다. 출동한 경찰은 수사는 해 보겠지만 범인을 잡기는 힘들겠다며 돌아갔다. 수사를 해보기도 전에 사건 해결을 포기해 버리는 듯 보이는 태도가 불만스럽다. 하지만 뭐 하나 뚜렷한 증거가 없는 사건이니 경찰관도 어쩔 수 없겠다. 범인은 자신의 잘못에 대한 죄책감으로 반드시 범행현장에 찾아오게 되어 있다.

　애들 엄마는 불안해 하는데 아빠와 아이들은 경찰놀이를 시작한다. 경찰이 힘들다면 우리가 잡으면 된다. 자세히 살펴보니 구부러진 하얀색 범퍼에 진한 녹색 페인트가 묻어 있다. 철로 만들어진 범퍼가 이 정도로 구부러졌으면 사고를 낸 차는 더 많이 깨졌겠다. 바닥에 떨어져 있는 파편들을 주워 희수씨 차에서 떨어진 것과 범인 차에서 떨어진 것을 나누어 봉지에 담아 두었다. 증거를 찾았으니 이제 범인만 나타나면 된다. 아이들과 주차장 뒷산에 있는 체육공원에서 운동기구를 타고 놀면서 범인이 나타나기를 기다린다.

얼마 지나지 않아 저 멀리 삼거리 도로변에 진녹색 승합차가 멈춰 섰다. 한 남자가 차에서 내려 주차장으로 걸어온다. 우리 집 주위를 기웃거리더니 화장실로 들어간다.

"아마 저 사람이 범인일 가능성이 높아."

아이들에게 속삭이고는 경찰서에 전화를 걸었다.

"안덕계곡 주차장인데요. 빨리 와 주세요. 범인이 나타났어요."

경찰관은 그럴 리가 없다며 미심쩍어 하면서도 신고는 받았으니 출동은 하겠다고 한다.

"애들아! 여기에 숨어 있어야 해. 우리가 눈치 챈 걸 알면 범인이 도망가니까 경찰이 올 때까지 조용히 숨어 있는 거야. 알겠지?"

아이들은 진짜 경찰놀이에 신이 났다. 경찰이 왔다. 우리가 준비한 증거자료와 사내의 자동차를 비교하더니 아직은 범인으로 판단하기에는 이르다며 과학수사를 하기 위해 사내의 차를 경찰청으로 가져갔다. 아이들은 재미있어 하는데 엄마는 사내가 다시 해코지 할까봐 불안해 한다. 비바람을 피할 좋은 장소를 찾았다 싶었는데 다시 이사를 가야 한다. 바람이 시작되고 하늘이 무거워졌다. 무작정 길을 나서는 좋은 장소를 찾기 힘들겠다. 오아시스 형님에게 며칠 비바람을 피하며 놀 장소를 물으니 태풍 소식에 예약된 방이 다 취소됐다며 오아시스로 오란다. 고마운 인연이다.

수남이 꿈은
생물학자

수남이의 꿈은 생물학자가 되는 것이다. 화가에서 축구선수로, 축구선수에서 경찰, 소방관으로 몇 번 꿈이 바뀌기는 했지만 이번에는 좀 오래 간다. 수남이 공부도 도와주고 아이들도 좋아할 만한 장소를 찾아 논짓물로 집을 옮겼다. 논농사를 지을 정도로 물이 많아서 용천수 이름이 논짓물이다. 논짓물에는 민물 수영장이 있어 좋고, 근처에는 생태학습장과 박물관, 공원, 주민들을 위한 헬스장도 있다.

먼저 박물관에 들러 예래천의 구조와 살고 있는 생물에 대해 배운다. 수남이는 공책을 들고 배운 내용들을 받아 적고 그리고 하는데 꼬맹이들은 뛰고 올라타고 하는 놀이로 마냥 즐겁다.

예래천은 굳이 발원지를 따지자면 바다에서 13㎞ 정도 떨어진 색달이지만 대왕수와 소왕수 두 개의 용천수를 만나서야 물이 풍부해지고 진짜 강이 된다. 대왕수에서 하천이 시작된다고 보면 길이가 매우 짧은 데도 다양한 생명들이 살고 있다. 반딧불이, 은어, 참게, 민물장어까지 살고 있으니 육지에 흐르는 긴 강에 사는 생명들은 거의 다 있는 셈이다. 긴 강을 줄여 놓고 상류, 중류, 하류 생물들을 관찰할 수 있으니 이보다 좋은 생태학습장은 없겠다.

박물관을 관리하는 선생님은 아이들을 위해 예래천에 대한 기록영화도 보여주셨다. 잘 알려진다면 많은 아이들이 좋은 학습장으로 이용할 수 있을 텐데, 이렇게 좋은 박물관에 우리 가족만 있어 좀 아쉽다.

박물관에서 나와 긴 계단을 따라 내려오면 생태학습장이 나온다. 예래천 상류에 있기 때문에 숲에서 만날 수 있는 반딧불이, 풍뎅이, 하늘소와 습지생물이 산다. 공원처럼 꾸며진 생태학습장을 돌며 공부를 하고 점심으로 가져온 김밥을 먹고 정자에서 낮잠도 잤다.

논짓물 수영장에서 물놀이나 할까 집으로 돌아가려는데 수남이가 환하게 웃는 얼굴로 이리 오라며 손짓한다. 어린이 생물학자가 나타났다는 소식을 들었나? 윤기가 흐르는 하늘소 두 마리가 줄기와 나뭇가지 벌어진 틈에 흐르는 진액을 먹고 있다. 애들은 술래잡기나 하면서 뛰어 노는데 수남이는 숨소리까지 죽이고 열심히 관찰한다. 식사를 마친 하늘소가 교미를 시작했다. 수남이 입이 '헤'하고 벌어진다. 하늘소가 수남이의 꿈을 알아차린 걸까? 아니면 누군가 오늘 생태학습 프로그램으로 '하늘소의 사생활'을 준비해 두었나? 이유야 어찌되었든 수남이에게는 완벽한 하루다. 하늘소야, 고맙다!

예래천 하구로 집을 옮겼다. 기왕에 시작한 예래천 생태학습을 마무리하기 위해서다. 강 하구는 근처에 있는 용천수들이 모여들어 수량도 많고 강폭도 넓다. 강가 자갈밭에서 은어 떼를 지켜보다가 물속 생태도 관찰하고 물놀이도 할 겸 강으로 들어간다. 은어 떼가 쏜살같이 달아난다. 애들은 은어 떼를 좇아가다가 자빠져서 온 몸이 흠뻑 젖었다. 한 놈이 넘어지니 또 한 놈이 넘어진다. 은어몰이 놀이가 아니라 누가 더 잘 자빠지나 내기를 하는 것 같다. 생물학자 수남이는 동생들은 아랑곳하지 않고 제 할 일을 한다. 가만가만 돌을 들추면 밑에 숨어 있던, 다리에 털이 보송보송한 참게가 포로로 달아나고 반딧불이 애벌레가 몸을 움츠린다. 예래천 하구에는 반딧불이 애벌레가 지천이다. 한여름이면 반짝이며 춤추는 반딧불이들로 환상적이겠다. 옛날에는 사람 키보다 큰 무태장어도 많았다는데 어딘가 숨어 있을 장어는 보지 못했다. '통발을 놓아볼까?' 생각하다가 생태학습이 목적이기는 하지만 혹시나 괜한 오해를 살까봐 그만둔다.

비가 내린다. 밖에서는 마땅히 할 놀이가 없다. 다행히 예래천 하구에는 하수종말처리장이 생기면서 주민들을 위해 만든 복지관이 있다. 이용하는 사람이 드물어 먼지가 내려앉은 헬스장을 청소하고 비 오는 날 놀이터로 삼았다. 지난 봄 육상대회에서 아쉽게 4등으로 들어와 상을 받지 못한 수남이는 달리기 연습에 열심이다.

수남이가 바다를 바라보며 달린다. 바다를 향해 달린다. 꿈을 향해 달린다. 학교가 되고 놀이터가 되어준 예래천아, 고맙다!

몽돌 바닷가,
갯깍 주상절리

우리 사건을 담당한 경찰로부터 전화가 왔다. 자동차 파편은 그 사내의 자동차에서 떨어져 나온 것이고, 주변 사람들을 탐문하는 과정에서 자신이 저지른 일이라고 자백했다 한다. 우리 가족이 어이없는 사고를 당한 이유가 뭐냐 물었더니 대답은 더 어처구니없다. 사내는 TV를 통해 우리를 알고 있었다. 일은 조금만 하고 여행이나 하면서 행복하게 사는 우리 가족이 부러웠다. 건설 노동자로 일하는 사내는 일터로 오가는 길에 아이들과 웃으며 놀고 있는 우리 가족을 스쳐 지나갔다. 사고가 있었던 날은 일을 마치고 동료들과 술을 마셨다. 술을 마시다 보니 병든 어머니를 모시고 처자식도 없이 외롭게 살아가는 자신이 처량하게 느껴졌다. 집으로 돌아오는 길에 행복한 가족의 버스가 보였다. 그냥 맥없이 화가 조금 났다. 이야기나 하려고 차를 두드렸는데 반응이 없었다. 무시당하는 것 같아서 화가 많이 났다. 그래서 버스를 두어 번 들이받고 달아났다. 사내의 진술은 이랬다.

어처구니없는 이야기지만 한편으로는 사내가 안쓰러웠다. 이웃 사람들 말로는 술만 안 마시면 순하고 착한 사람이란다. 자동차 수리비 보상에 대해 묻고, 사내를 음주운전이나 뺑소니, 폭행 등으로는 처벌하지 말아달라는 부탁으로 경찰과의 긴 통화를 마쳤다. 적당한 시간에 찾아왔으면 풀뿌리를 씹어 먹으며 살아도 행복할 수 있는 비밀을 나눌 수 있었을 텐데, 아쉬운 인연이다.

사실 2010년에도 비슷한 일을 겪은 적이 있다. 아무도 없는 작은 공원에 집을 세우고 아이들과 놀고 있는데 공원 관리인이 나타나 소리를 지르면서 우리 가족을 쫓아냈다. 아무도 없는 공원인데 왜 그러시느냐 물었더니, 관리인은 "공원은 여러 사람이 쓰는 곳이지 당신네들만 독차지 하면 안 된다."며 사납게 소리를 질렀다. ""우리 가족이 독차지하려는 것이 아니라 아무도 없어서 그렇게 보이는 것 아닌가요?"했더니 더 악을 쓰며 주먹까지 휘둘렀다. 그때는 나도 화가 났지만 지금은 이해할 수 있겠다. 관리인은 우리에게 화가 난 것이 아니었다. 다른 이유로 화가 나 있었는데 내가 자신의 명령을 듣지 않아서 더 화가 난 것이다.

화를 내는 사람은 도움이 필요하다. 표현이 서툰 사람일수록 더욱 그렇다. 고분고분 들어주고 다독이면 더 큰 화를 부르지 않고 서로 평화로울 수 있다.

갯깍 주상절리 바닷가는 몽돌이 참 예쁘다. 모양은 다 다르지만 모두가 둥글둥글 부드럽다. 사람의 마음도 다 다르겠지만 몽돌처럼 부드러운 인연으로 서로에게 상처는 주지 말아야겠다. 몽돌 위에 몽돌을 세워두었다. 상처받은 마음은 부드러운 마음을 만나 평화를 찾으면 좋겠다.

내 마음에도 균형과 평화를 세운다.

갯깍 주상절리로 탐험을 떠난다. 제주 방언으로 '깍'은 끄트머리를 의미한다. 하지만 갯깍에서 깍은 바다가 육지로 옴팡 들어와 만나는 지점을 뜻한다. 깍은 쇠소깍처럼 바다와 강이 만나 어우러지는 공간의 의미로 주로 쓰이지만, 갯깍 동굴처럼 바람과 바다가 만나는 공간을 뜻하기도 한다. 결국 깍은 단순히 끄트머리가 아니라 민물과 바다가, 바람과 바다가 만나 어우러지고 소통하는 공간을 뜻한다. 육지가 튀어나와 바다를 마중하는 코지, 자신의 살을 파낸 공간에 바다를 품어 안는 깍, 제주 방언에는 무언가 깊은 뜻이 담겨 있다.

커다란 몽돌 바위를 오르내리고 부드러운 몽돌을 밟으며 갯깍으로 가는 길은 재미난다. 소윤이는 거대한 톱사슴벌레의 집게 톱을 주웠다.(야자수 이파리가 줄기만 남으면 꼭 톱같이 보인다.) 갯깍 동굴에 다가갈수록 집게 톱이 여기저기 많이 보인다. 동굴에는 거대한 톱사슴벌레를 잡아먹는 괴물이 살고 있나 보다. 애들은 무서워서 동굴에 다가가지 못하고 수남이는 괴물사냥을 하자며 맞장구를 쳐준다. 괴물을 놀아주는 친구로 아는 진아는 마냥 즐겁기만 하다.

갯깍 주상절리는 얼마나 오랜 세월 동안 바람과 바다를 품고 살았을까? 자기 몸에서 떨어진 돌들은 몽글몽글 몽돌이 되었고, 바람과 파도에 씻긴 몸은 반짝반짝 윤이 난다. 바람과 바다, 세월이 만들어 놓은 작품은 참으로 아름답다.

화순
금모래 해변

며칠 뒤면 식구가 늘어난다. 정원씨네 조카들이 제주에서 여름방학을 보낼 계획이다. 3주 정도 편안하게 머물 곳을 찾아 화순 금모래 해변으로 왔다. 금모래 해변에서는 해수욕과 민물수영을 함께 즐길 수 있다. 해수욕장에서 좀 떨어진 곳에는 무료 캠핑장이 있어 평상 위에 텐트를 치면 늘어난 식구를 맞을 수 있겠다. 캠핑장에 집을 세우고 평상 하나에는 식탁이며 의자, 살림살이를 펼쳐 놓았다. 천막까지 치고 나니 집시촌이 만들어졌다.

화순에는 용천수가 어마어마하게 풍부하다. 수량이 많은 용천수가 세 군데나 있다. 마을사람들은 서쪽 끝에 있는 용천수를 이용해 민물수영장과 샤워장을 만들었다. 두 개의 용천수는 마을 앞을 돌아 바다로 흘러든다. 맑고 차가운 시냇물에는 민물 게와 은어, 장어가 산다. 수영장에서 물놀이를 하다가 바다로 가는 길에 또 다른 용천수를 만났다.

"아빠! 저기는 왜 모래가 막 올라와요?"

진아가 묻는다.

"음, 저기 물구멍에는 물고기를 잡아먹는 커다란 뱀이 살고 있지."

"그래? 그럼 내가 놀아줘야지!"하며 구멍으로 들어간다. 진아는 발이 간지럽다며 좋아한다. 곁에 있던 소윤이는 진아가 잡아 먹힐까봐 울상이 되었다. 바다로 뻗어 있는 바위틈에서도 물이 난다. 물맛도 좋다. 어쩌면 바다 속에 있는 바위에서도 용천수가 뿜어져 나올지 모르겠다.

아이들은 수영복을 입고 산다. 아침에 바다로 나가 해수욕이며 모래찜질을 즐기다가 용천수 수영장에서 놀다 보면 점심때가 된다. 점심을

먹고 한 낮 더위를 피해, 나무 그늘에서 책을 보거나 낮잠을 자고는 다시 수영장으로 간다. 자전거도 타고, S보드도 타고, 숨바꼭질도 하고, 영화도 보고, 교과서 공부도 해야 되고, 이것저것 하다 보면 아이들에게 하루해는 너무나 짧다. 관심사가 다 다르니 하고 싶은 놀이도 그때그때 달라서 함께 할 놀이를 조율하고 지켜보는 것으로 어른들도 숨이 가쁘다. 오전 물놀이를 마치고 개선장군처럼 집으로 간다.

준호와 준영이가 왔다. 돌봐야 할 여동생만 있는 수남이에게 친구와 형이 생겼다. 그나저나 동네 바보처럼 웃고 다니는 수남이 입이 다물어지질 않는다. 식구가 늘어 할 일이 많아진 엄마를 위해 환영잔치 음식은 아빠표 특제 김밥으로 준비했다. 아빠 김밥에는 수상한 것들이 많이 들어간다. 애들한테는 일반 김밥을 싸 주지만 어른들 김밥에는 마늘, 청양고추, 고추냉이, 고수가 추가된다. 한 가지씩 더 들어간 김밥은 수남이도 먹을 만한데 전부 다 넣은 김밥은 아빠 말고는 먹는 사람이 없다.

신비로운
산방산

　해발 395m 야트막한 산에 구름이 걸려 있다. 주위에 큰 산이 없어서인지 구름은 산방산에 모인다. 산방산은 머리를 길게 빼고 바다를 향해 기어가는 거북이다. 한라산 봉우리였던 거북이는 어느 날 바다가 보고 싶었다. 백록담을 남겨두고 바다를 향해 기어온 세월이 한 백만 년쯤 되었을까? 거북이 등딱지에는 나무가 자라났고 등딱지 밑으로 드러난 살결은 깊은 주름이 파였다. 사람들은 바다에 닿은 거북이 머리를 보고 용머리 해안이라 부르기도 하고 깊게 파인 주름에는 절을 지어 '산방굴사'라는 이름도 붙였다.

　거북이는 바다를 보고 백록에게 돌아가고 싶었지만 긴 세월 바다로 기어오는 동안 사람들이 산을 깎아 도로를 내고 집을 짓는 바람에 거북이의 길이 사라졌다. 거북이는 백록에게 돌아갈 수 없게 되었다. 백록은 산방산을 품고 싶고 산방산은 백록에게 안기고 싶다. 야트막한 산방

산에 구름이 모이는 이유는 주변에 높은 산이 없어서가 아니라 백록에 있던 구름이 산방산으로 내려오고 산방산이 피워 올린 그리움은 백록으로 올라가는 것이다. 백록과 산방은 그렇게 애잔한 그리움을 전한다.

산방산이 그리움을 피워 올린다. 밤이 되면 저 구름은 한라산으로 올라가 백록의 품에 안길 게다. 오늘은 산방산에 백록의 구름이 몰려왔다. 많이 외롭고 간절히 보고 싶은가 보다. 백록의 눈물이 그렁그렁 하늘에 맺힌다. 곧 비가 내리겠다. 눈물비가!

바닷가 도서관,
장동건&고소영 부부를 만나다

이제 본격적인 휴가철이 시작됐다. 한가하던 화순 해변에도 사람들이 몰려들겠다. 마을 청년회는 손님맞이로 바쁘다. 바닷가와 수영장에는 평상과 파라솔을 놓고, 작은 무대에는 스크린도 걸어 놓았다. 주말 삼 일간은 여기에서 음악공연과 영화상영이 있을 예정이다.

수영장 옆 모래밭에 예쁜 도서관이 차려졌다. 관심거리가 자주 바뀌는 아이들에게 좋은 선물이다. 물놀이가 지루해지면 도서관에서 책을 보다가 모래놀이를 하고, 바다로 이어진 시냇물에서는 튜브에 올라타고 물썰매를 탄다. 높은 곳에서  수영장으로 내려오는 긴 미끄럼틀도 개장했다. 평상과 파라솔은 마을 복지기금 마련을 위한 수익 사업으로 하지만, 나머지 것들은 모두 공짜다. 가난한 여행자에게는 더 없이 고마운 일이다.

캠핑장에 놀러 오는 사람들은 우리 가족에게 다가와 텐트를 쳐도 되는지, 사용료는 얼마를 내야 하는지 묻는다. 사용료는 없고요. 수영장과 도서관, 무료 샤워장, 따뜻한 물이 나오는 유료 샤워장, 낚시터, 용천수 사용규칙 등을 설명해 주면 좋아하며 뭔가 보답을 하려 든다.

강남 미녀 수학선생 고소영, 장동건 부부와 아이들이 나타났다. 유

쾌한 가족과의 만남은 왠지 오래된 인연을 다시 보는 것 같다. 민정이, 정수에게 또래 친구가 생겼다. 아이들의 친화력은 놀랍다. 만난 지 얼마 되지 않아 정수는 친구들을 수영장으로, 도서관으로, 모래 놀이터로 이끈다.

수영장에서 놀다 온 미녀 수학선생은 예약해 놓은 숙소를 취소하고 화순에 눌러 앉기로 했다. 여기저기 돌아다니며 시간을 허비하기보다는 한 곳에 자리를 잡고 여유롭게 여행을 하겠단다. 아이들을 위해 박물관 몇 군데를 다녀오는 것 말고는 화순에 있을 것은 다 있다. 유쾌한 이웃이 생겨서 좋다. 미녀 선생은 닭을 삶아 오고 수남이는 제법 큰 문어를 잡아 왔다.

고마운 마음이 모이면 밥상도 푸짐해진다. 푸짐한 밥상에 유쾌한 이웃과 세상 사는 이야기로 즐겁다. 막걸리 잔이 오가고 허물없는 친구처럼 이야기를 주고받는다.

"장 선생은 무슨 인연으로 미녀 선생을 얻었어요?"

"허! 제주도가 저를 살렸죠."

"이야기가 재미있을 것 같은데 좀 해 주세요."

"네, 그러죠 뭐."

"그러니까 23년 전이죠. 대학시험에 떨어지고 아무런 희망도 없이 살 때였어요. 집은 가난해서 재수는 꿈도 못 꿨지요. 막노동을 해서 집안 생활비도 보태고 돈도 좀 모았어요. 이렇게 살아서 뭐하나 하는 생각에 죽을 결심으로 제주도에 왔지요. 중문에 있는 대포 주상절리 벼랑 끝에 텐트를 치고 잤어요. 그 시절에는 주상절리에 텐트를 쳐도 단속하는 사람이 없었거든요. 저는 뒹굴면서 자는 버릇이 있어서 자다가 벼랑으로 떨어져 죽을 생각이었지요. 그런데 잠이 오질 않는 거예요. 죽음이 무서웠던 거죠. 먼동이 틀 때까지 뒤척이다가 잠이 들었죠. 여름이었으니까 텐트 안이 너무 더워서 땀을 흘리며 잠을 깼죠. 아직 살아 있구나 생각하며 정신을 차리려는데 밖에서 "이 사람 죽으려고 작정했나봐, 벼랑 끝에서 잠을 자다니!"하는 여자 목소리가 들리는 거예요. 갑자기 창피한 생각이 들었어요. 텐트 안은 더워 죽겠는데 밖으로 나가지도 못하고 웅크리고 있다가 도저히 못 참고 뛰쳐나갔죠.

"너! 죽으려고 했지?"

처음 보는 아가씨가 다짜고짜 그러는 거예요. 언제 봤다고 반말이냐며 화를 낼까도 생각했지만 자세히 보니 몸매도, 얼굴도 예쁘더라고요. 그래서 참았죠.

"이렇게 아름다운 세상에 죽기는 왜 죽니? 할 일도 가 볼 곳도 많은데, 열심히 살아야지."

또 반말을 지껄이는 거예요. 내 사정도 모르면서 말이죠. "어서 갈 길이나 가세요."하고는 텐트를 정리해서 버스정류장으로 걸으며 생각해 보니 죽는 것이 사는 것보다 어렵겠더라고요. 버스를 기다리는데 아까 그 아가씨가 나타나더니 "애! 밥이나 먹으러 가자." 그러데요. '웬 오지랖이람?' 생각했지만 배도 고프고 해서 그냥 따라갔어요. "젊은 애가 죽기는 왜 죽니? 연애도 해보고 그래야지. 서울 오면 내 동생도 소개시켜 주고 밥도 사 주고 할 테니까 전화해라."하면서 전화번호를 적어줬어요. 누나들은 졸업여행으로 제주도에 왔다고 했어요. 그러니까 저

보다 세 살이 많은 거지요.

막노동을 해서 돈을 벌고, 밤에는 열심히 공부해서 서울에 있는 대학에 합격했지요. 일도, 공부도 힘들 때는 벼랑 끝에서 자던 밤을 생각했어요. '죽는 것은 힘든 것이다. 그러면 죽는 것보다 쉬운 사는 길을 택하자!' 사는 것이 더 쉬우니 당연히 살아야죠. 학비도 벌어야 하고, 공부도 해야 하고, 대학에 들어와서도 힘든 날들이었지만 그래도 견딜 만은 했어요.

한 학기가 지나고 여름이 되었어요. 문득 지난 여름 제주도가 생각나 동생도 소개시켜 주고 밥도 사 주겠다던 예쁜 누나에게 전화를 걸었죠. 그런데 그 누나는 동생이 없었어요. "그렇지 누나?"하며 미녀 선생을 바라본다.

그렇게 만나서 긴 연애 끝에 결혼을 하고 두 아이와 행복하고 유쾌하게 살고 있다. 장 선생이 벼랑 끝에서 바라본 것은 삶의 진실이고, 미녀 선생은 장 선생의 눈에서 그것을 봤다. 제주에 도착한 첫날 미녀 선생 부부는 그들이 처음 만났던 대포 주상절리에 갔었다. 관광지로 개발이 되어 있어 환경은 많이 바뀌었지만 벼랑 끝의 기억과 예쁜 누나는 그대로였다. 재미난 이야기로 밤이 깊어간다.

"늘 행복하세요!"

용천수 사용법,
무더위와 멀어지기

　이렇게 더워도 되는 걸까? 한낮에는 모래밭을 맨발로 걸을 수 없다. 달궈진 모래밭에 맨발로 들어섰다가는 화상을 입겠다. 캠핑장 건너편에는 회국수집이 있고, 국수집을 끼고 골목으로 살짝 들어서면 서늘한 기운이 도는 용천수가 있다. 용천수는 몸을 오래 담그고 있지 못할 정도로 차갑다. 용천수는 세 단계로 나뉘어 있다. 맨 윗물은 식수로 쓰고, 가운데 물은 설거지용이고, 맨 아랫물은 빨래와 몸을 씻는다. 수도꼭지를 틀면 물이 콸콸 나오는 편리한 시절이지만 동네 사람들은 지금도 샘터를 이용한다.

　낮에는 모두가 함께 쓰는 공간이지만 밤에는 남자가 출입하면 안 된다. 밭일과 물질에 지친 여인들이 더위를 식히며 쉬는 공간이어서 남자는 근처에 얼씬거려서도 안 된다.

　주변은 잘 정리되어 있지만 샘바닥은 이끼가 많고 자잘한 음식물 찌꺼기가 남아 있다. 골목 안쪽에 사시는 할아버지께 청소를 해도 되겠는지 물어보니 좋다고 하시면서 청소도구도 내어 주고 청소방법도 말씀해 주신다. 예전에는 젊은이들이 청소를 도맡아 했는데 지금은 다 떠나고 노인들만 남아 물을 빼내고 하는 청소는 안 한지 오래 되었다고 한다.

"할아버지는 언제부터 이곳에 사셨어요?"

우리가 청소하는 모습을 흐뭇하게 지켜 보시는 할아버지께 물었다.

"음! 전쟁이 지나고 군인으로 와서 살았으니 한 60년 쯤 되었나?"

그러고 보니 할아버지 말씀에는 제주 방언이 별로 없다.

"그때도 이렇게 물이 좋았어요?"

"그럼, 샘터 모양이 바뀌었지, 물은 그대로야! 군대에 있을 때 이 물에서 놀다가 동네 처자랑 눈이 맞아서 결혼도 하고 지금까지 잘 살고 있지 뭐야."

"그럼, 할머니는요?"

"작년에 먼저 돌아갔어."

젊은 사람들이 이렇게 와서 청소도 해 주고 하니 좋다는 말씀을 남기시고는 청소도구를 챙겨 집으로 들어 가셨다. 샘터는 물을 함께 쓰는 공간만이 아니라 인연이 맺어지는 곳이고 이야기가 있는 장소다. 아이들은 시원하게 물놀이를 하고 아빠는 낮잠을 즐긴다. 용천수 곁에 있으면 무더위는 얼씬도 못한다.

다섯째 진서가 낮잠을 잔다. 오전 물놀이에 지쳤는지 점심을 먹고 나면 금세 잠이 든다. 너무 추워서인지 샘터에는 모기도 없다. 낮잠을 자기에 이보다 좋은 곳이 있을까?

캠핑장에서 좀 떨어져 있기는 하지만 걸어서 갈 수 있는 거리에 안덕 공공도서관이 있다. 무더위에 세 끼 음식을 해대느라 지친 아내도 쉴 겸 책도 읽을 요량으로 온 식구가 도서관으로 간다. 점심은 김밥이나 짜장면을 시켜 먹으면 그만이다. 안덕도서관은 면 단위에 있는 도서관 치고는 규모가 대단하다. 세미나실과 공연장, 인터넷 활용시설에 어린이 놀이방까지 갖추었다. 아이들을 위한 책들도 많아서 하루를 보내기에 지루하지 않겠다.

도서관 정원에 있는 정자에서 점심을 먹고 다시 도서관으로 들어가 시원한 에어컨 바람을 맞으며 책이나 보며 논다. 야생에서 살다가 너무 오랜만에 에어컨 바람을 쐬어서인지 집으로 돌아오는 길에는 코가 맹맹해졌다.

그냥
살아가야지요

샘터 옆에 있는 컨테이너에는 할머니 한 분이 사신다. 달리 주방이 없으니 샘에서 자주 뵙는 분이다. 할머니는 텃밭에서 키운 오이, 가지, 고추를 나눠 주시고 아이들에게도 군것질 거리를 사 주신다. 우리 가족을 이웃으로 생각해 주니 참 고마운 분이다. 샘터에서 설거지를 같이 하다가 가만히 말을 꺼내신다.

"이런 부탁드려도 될런지 모르겠는데, 할 수만 있다면 우리 집 뒤에 있는 컨테이너 좀 고쳐 주시면 고맙겠는데요."

칠순이 다 되어 보이는 할머니의 조심스러운 부탁이다.

"이웃인데 당연히 해드려야지요."

회국수집 사장님께 사정 이야기를 했더니 자동차와 연장을 빌려주셨다. 비가 새는 지붕에는 샌드위치 판넬을 새로 덮고, 떨어져 나간 문짝은 새것으로 달았다. 프레임이 삭아 주저앉은 바닥은 방부목과 합판으

로 다시 깔았고 녹이 슬어 지저분한 외벽에는 파랑색 페인트를 칠했다. 전기를 연결하고 벽지를 바르고 장판까지 깔고 나니 할머니께서는 새 집이 생겼다며 좋아하신다.

하늘이 무겁게 내려 앉았다. 금

방이라도 비가 쏟아질 기세다. 안락의자에 앉아 시집이나 뒤적이다가 꾸벅꾸벅 졸고 있는데 앞집 어머니께서 어깨를 흔들어 깨우신다.

"김 선생! 날도 꾸물꾸물한데 깻잎전에다 막걸리나 하지?"

"네, 어머니. 금방 갈게요."

컨테이너 수리하는 일을 해드리고, 서로 가진 것들을 나누면서(주로 우리가 받았지만) 우리 가족과 할머니는 더욱 친해졌다. 나는 할머니를 어머니라 부르고, 어머니는 내가 교사생활을 했다는 것을 회국수집 사장님으로부터 들었다며 '김 선생'이라 부른다.

"내가 얼른 가서 준비할 테니 바로 와! 그리고 이건 고마워서 주는 거니까 받아둬!"하시면서 봉투를 주셨다.

"어머니! 저희가 신세 지고 고마워서 그냥 해드린 거예요. 이 돈 받으면 저 친구한테 혼나요."

희수씨 핑계를 대면서까지 사양했지만 "이것도 안 받으면 내가 너무 미안하잖아!"하시면서 막무가내로 내 주머니에 찔러 넣고는 돌아서신다. 고마운 일이긴 한데 오히려 이제는 우리가 미안해졌다. 희수씨와 함께 어머니 댁으로 갔다. 집 앞 평상에는 뒷집 할아버지와 옆집 할머니가 먼저 오셔서 앉아 계신다.

"어서들 앉게! 여기 막걸리 맛이 참 좋아."

"어르신! 저희도 잘 알지요. 제주도 와서는 이 막걸리만 먹는 걸요." 뒷집 할아버지는 팔순이 넘으셨는데도 허리가 곧고 기운이 좋으시다. "자, 한 잔 받게. 젊은 사람들이 동네에 있으니까 좋네 그려. 혼자 사는 할망 도와주고 싶어도 같이 늙은 처지에 뭐 할 수가 있어야지. 참 고맙네."

"별 말씀을요! 저희가 어머니 신세를 많이 지는 걸요. 반찬거리는 다 어머니 텃밭에서 거저 얻어 먹고, 아이들 간식까지 챙겨 주시는 걸요."

"자, 이것 좀 먹어봐! 아침나절에 이집 할망이 바다 나가서 잡아 온 것을 내가 무쳤어!"

모슬포에서 30년 넘게 순대국밥집을 열고 있는 옆집 할머니는 군소와 보말무침을 푸짐하게 내놓으신다.

"맛있어요! 저희도 잡아서 먹어봤는데 이 맛이 안 나던데요?"

"다 손맛이지! 30년 손맛이 어디 가겠어? 우리 식당에는 뜨내기손님은 거의 없어. 대부분 단골손님들이 찾아오지."

"관광객이 주로 찾는 식당보다는 제주 사람들이 가는 식당이 음식값도 싸고 맛있던데요. 저희도 먹어볼 수 있을까요?"

"한여름에 하루 종일 불 앞에 서 있기 힘들어서 이달까지는 쉬니까, 다음 달에 오면 푸짐하게 차려주지!"

바람이 분다. 곧 비가 쏟아지겠다.

"어머니! 저희 내일 금산사에 공연이 있어서 뭍에 나가야 되는데 식구들 좀 부탁할게요."

말없이 깻잎전만 뒤집고 계시는 어머니께 말을 걸었다.

"김제에 있는 금산사?"

"네. 어머니도 금산사에 가 보셨어요?"

"잘 알지! 나도 따라갈까? 십 년 넘게 금산사 아랫마을에 살았거든."

금산사에 얽힌 무슨 사연이 있나 보다.

"어머니! 금산사 아랫마을에서 살던 이야기 좀 해 주실래요?"

어머니 고향은 김제 시골마을이다. 군산항에서 이모가 운영하는 식당일을 돕다가 남편을 만났다. 원양어선을 타는 남편은 뱃사람답지 않게 다정다감했다. 아들이 태어났다. 남편은 아내와 아들이 보고 싶어서

몇 달씩 바다에 나가야 하는 뱃일을 더 이상 하기 싫다고 했다. 남편은
어느 정도 돈이 모이면 고향으로 내려가 농사를 지으며 살자 했다. 남
편은 몇 번 더 원양어선을 탔고, 어머니는 식당일을 하면서 돈을 모았
다. 목돈을 마련해 남편 고향인 화순으로 내려와 논농사를 지으며 살았
다. 지금은 다 없어졌지만 그 시절에는 논이 많았다.

어머니는 물질을 배워 생활비를 보탰지만 가난한 생활은 벗어날 수
없었다. 아들은 무탈하게 잘 자랐고 가난하지만 행복한 날들이었다. 아
들이 고등학교에 갈 나이가 되자, 대학공부를 시킬 욕심에 외삼촌이 살
고 있는 김제시로 아들을 보냈다.

남편은 아들 학비 마련을 위해 다시 배를 탔다. 배를 탄 지 얼마 되지
않아 바다로 나간 남편은 돌아오지 않았다. 바다가 무섭고 싫어졌다.
얼마 안 되는 보상금을 들고 고향으로 돌아와 식당일도 하고 민박집도
운영하면서 아들 뒷바라지를 했다. 외롭고 힘든 날들이었지만 의지할
아들이 있어 그나마 살아갈 수 있었다. 어머니는 그렇게 십 년이 넘는
세월을 금산사 아랫마을에 살았다.

대학을 졸업한 아들은 직장을 잡고 결혼을 하겠다더니 어느 날 갑자

기 스스로 목숨줄을 놓았다. 금쪽같은 아들을 금산사에 묻었다. 아들 하나만 바라보고 살던 어머니는 하는 수 없이 남편 고향으로 내려와 돌아오지 않는 남편을 기다리며 바다만 바라보고 살아왔다.

"어머니! 저희가 비행기표 예약할게요. 같이 가셔요."

깊은 슬픔을 담담하게 풀어 놓으신 어머니는 눈시울이 붉어졌다.

"아니야! 자네들이나 잘 다녀오게, 아이들 걱정은 말고, 내가 괜한 이야기를 했네 그려."

어머니 말씀이 띄엄띄엄 이어진다. 비가 내린다. 파도 소리가 요란하다. 태풍이 일었나 보다.

바다가 밀려 왔고 나는 아무것도 하지 않았다.

태풍이 일어나 먼 바다를 지난다는 이야기가 들려 왔다.

매일 아침 바라보는 수평선 너머 어디,

아니 그보다 먼 어느 곳에서 그리움이 밀려 왔다.

어린 자식을 두고 바다로 떠난 남편이 거친 파도로 돌아왔고,

어미를 남기고 멀리 가버린 아들도 사무치게 밀려 왔다.

어미는 '그냥 살아가야지. 그냥 살아가는 거지.'라고 말하며

고개를 떨어뜨렸다.

바다는 그리움으로 밀려와,

아들의 아픔을 다독여주지 못한 미안함을,

다하지 못한 사랑을 끌어안고 다시 바다로 돌아갔다.

머나먼 바다로 태풍이 지나갔다는 이야기가 들려 왔고,
커다란 파도가 내 안으로 들어 왔다가
모든 것들을 싸안고 바다로 돌아갔다.

그리고 나는 아무것도 하지 못했다.

금산사 템플스테이
'내비 둬 콘서트'

언제 태풍이 지나갔냐는 듯 다시 찜통이다. 한여름 더위 위를 날아 금산사에 도착했다. 절 입구에 붙어 있는 콘서트 제목이 재미있다. '박희수, 김길수와 함께하는 내비 둬 콘서트' 공연에 대한 사전 정보가 없었던 우리는 조용한 국악가요를 준비했는데 즐겁고 재미난 노래로 바꿔야겠다. 우리는 즉흥공연에 익숙한 사람들이어서 아무래도 상관없다. 우리네 삶이 콘서트 주제와도 잘 어울리니 있는 그대로 보여 주면 되겠다.

콘서트는 사회를 보시는 일감 스님께서 청중과 우리에게 질문을 하면 우리는 노래와 이야기로 화답을 하는 형태로 이루어졌다.

"두 분은 지금 행복하신가요?"

"네!"

"대답이 너무 간결한데, 구체적으로 뭐가 그리 행복하죠?"

"구속 받는 것 없이 자유롭고 식구들도 다들 건강하고, 오늘 먹을 양식도 있고, 뭐 그냥 행복한 거죠."

"두 분은 아이들 미래를 위해서나 노후를 위해 돈을 많이 모아 놓으셨나요?"

'행복과 돈?' 전혀 상관없는 단어를 연결하고 있는 스님의 질문 의도를 알겠다.

"아뇨! 저희는 거지예요. 딱 오늘 먹을 양식밖에는 없습니다."

"그러면 아이들 미래와 두 분의 노후는 어떻게 준비하시려고요? 두 분 참 걱정되는 사람들인데요."

"아하! 스님께서는 우리더러 미래에 대한 걱정을 하면서 살라고 말씀하시는 건가요? 걱정거리가 있으면 지금 행복할 수 없죠. '아직 오지도 않은 미래를 어떻게 준비할까?'하는 걱정으로 오늘을 불행하게 살고 싶지 않은데요."

스님 의도에 들어맞는 답이 마음에 드셨는지 웃으시면서 물으신다. "어른들은 그렇다 치더라도 아이들 교육은 어떻게 하려고요?"

"공부 열심히 해서 좋은 대학 가고, 대기업에 취직해서 돈도 많이 벌어라! 이런 틀에 박힌 교육 말씀이신가요? 저희는 그런 것에 관심 없습니다. 영재교육에 과외로 일류대학에 갈 수는 있겠죠. 그런데 그것이 아이들이 진정 원하는 것일까요? 일류대학 나와서 대기업에 취직하거나 사업을 해서 돈을 많이 벌 수는 있겠죠? 그런데 그것이 아이들의 꿈이었을까요? 시키는 공부를 열심히 해서 대학에 가고 대학에서도 시키는 공부를 잘 해서 연구직이나 회사에 들어가 봐야 시키는 연구와 시키는 일만 하는 거죠. 결국 노예나 바보가 되는 거고요. 저희는 아이들이 그렇게 살기를 바라지 않아요. 아이들이 진정으로 되고 싶은 꿈을 찾아서 하고 싶은 일을 하면서 살았으면 좋겠어요. 우리가 낳은 자식이지만 아이들의 삶은 아이들 것이잖아요. 그래서 저희는 여행을 합니다. 아이들에게 다양한 사람들의 다양한 삶을 보여 주고 자신이 진정으로 원하는 꿈을 찾을 수 있도록 돕는 거지요. 저희도 부족한 사람이니 여행을 통해 배움을 구하기도 하고요. 오늘을 착하게 살아라! 오늘을 열심히 살아라! 오늘을 행복하게 살아라! 지나간 일은 후회하고 슬퍼해도 되돌릴 수 없는 일이고 미래는 오지 않았으니 걱정할 것이 없습니다. 오늘을 착하게, 열심히, 행복하게 살면 내일도 먼 미래도 그렇게 되는 겁니다. 저희는 떠돌이 거지여서 아이들에게 돈을 들여 과외를 시키거나 학원에 보낼 수 없습니다. 저희가 지금 잘할 수 있는 교육은 아이들이 자신의 삶을 건강하게 살아갈 수 있는 마음밭을 일구는 것이지요."

"네, 거지 철학자님! 훌륭한 말씀 잘 들었습니다. 여러분, 어느 시골에 할머니 두 분이 살았습니다. 한 할머니는 가난해서 아궁이에 불을 때고 쪼그려서 똥을 눠야 하는 잿간 화장실을 써야 하는 옛날 집에서 살았고요. 다른 할머니는 스위치만 누르면 뜨거운 물도 나오고 편안하고 깨끗한 좌변기가 있는 현대식 집에서 살았지요. 어느 할머니가 건강하고 행복한 삶을 오래 누렸을까요?"

잠시 생각하던 사람들은 다들 옛날 집에 사는 할머니를 택한다.

"네, 맞습니다. 평생 아궁이에 불을 지피면서 자연스레 적외선 찜질을 한 할머니는 자궁과 내장이 건강했고요. 쪼그려 앉아 똥을 눈 할머니는 하체 근육이 발달해서 허리도 꼿꼿했지요. 다른 할머니는 편안하게 살기는 했지만 건강상태는 좋지 않았습니다. 불편하고 누추해 보이는 삶이 건강에는 좋았던 거지요. 어느 하나가 좋으면 다른 하나가 안 좋을 수 있어요. 아이가 부모가 원하는 대로 따라주지 않는다고 해서 자꾸 간섭하다 보면 부모 자식 간 사이는 멀어지고 서로 상처가 되겠지요. 다만 믿고 사랑하는 마음으로 지켜보며 기다리면 올곧게 자신의 삶을 살아가는 아이를 만날 수 있을 겁니다. 이제 거지 선생님들 노래를 들어볼까요?"

희수씨는 '내비 두면 다 잘 될 꺼야!'라는 노래를 즉흥곡으로 만들어 불렀다. 콘서트가 끝나고 템플스테이 참가자들은 우리가 가져간 음반과 책을 모두 샀다. 출연료도 받고 음반과 책도 팔고, 일주일 생활비로 넉넉하겠다.

여행자에서
동네 주민으로?

동네 어른들로부터 하루에 한 가지씩 작은 일감이 들어온다. 순대국밥집 할머니는 변기 물통에서 소리가 난다며 고쳐 달라 하신다. 물통을 들여다보니 압력조절밸브가 헐거워져 물과 공기가 새면서 '쉬이'하는 소리를 낸다. 잠깐 만에 쉽게 고쳐드렸다. 할머니는 고맙다며 옥수수 한 자루를 내미신다.

슈퍼집 할머니는 밤에 밖에 나가기가 불편하다며 가게 앞에 전등을 하나 달아 달라 부탁하신다. 문틀에 구멍을 뚫어 전기선을 빼내고 알전구를 달아드렸다. 전에도 물건을 싸게 주셨는데 오늘부터는 대형마트 가격으로 물건을 가져가라 하신다.

앞집 할머니는 아침햇살이 창문으로 직접 들어와 너무 덥다면서 대나무발을 하나 달기를 원하신다. 창문 네 귀퉁이에 못을 박아 바람에 날리지 않도록 대나무 발을 단단히 고정했다. 할머니는 고마움을 갓 담은 김치로 주셨다.

회국수집 사장님은 간판 전등이 나갔다며 고쳐 달라 부탁하신다. 직접 하실 수도 있을 텐데 굳이 내게 부탁하신다. 전선 몇 가닥을 새로 연결하고 빗물이 들어가지 않도록 단단히 감아 일을 마쳤다. 사장님은 아이들에게는 문어라면을, 어른들에게는 회국수를 대접해 주셨다. 동네 분들은 정말 내 도움이 필요해서 부탁을 하는 것 같기도 하고, 무언가를 주고 싶어서 일감을 만드는 것 같기도 하다.

화순에서 가장 바쁜 형이 귀한 황돔을 가지고 나타났다.

"내가 배 타고 바다 나가서 잡아왔는데 이거나 함께 구워 먹자고!"

형은 거의 매일 우리 집 앞을 두어 차례 지나가고, 하루 걸러 한 번쯤은 막걸리 세 병과 간단한 안주거리를 들고 방문한다. 오늘은 무슨 이야기를 가지고 왔을까?

"어제는 저 집 할망 화장실을 고쳐 줬다면서? 내가 이 동네에 일어나는 일은 다 알지. 내가 전문가니까."

충북 제천 산골이 고향이라는 형은 말투가 참 재미있다. 억양이 강해 이야기를 할 때면 노래하는 것 같고, 말 끝에는 꼭 자신이 전문가임을 강조한다. 며칠 전에는 어인 일로 막걸리 세 병만 들고 왔다. 대신에 한 손에는 족대가 들려 있었다.

"여기에 은어 많지? 내가 전문가니까 한 냄비 잡아 줄게! 워낙 많아서 실컷 잡아 먹어도 돼, 여기 사람들은 민물고기는 신경도 안 쓰거든. 내가 전문가니까 다 알지."

형은 자신이 전문가임을 두 번이나 강조하면서 냇물로 들어갔다. 몇 차례 은어 떼를 좇았지만 번번이 빈 그물이다. 당황한 전문가 형은 "빠르다 빨라! 이 녀석들이 언제부터 이렇게 빨라졌지?"하며 중얼거린다. 은어가 아무리 빠르다고 전문가가 쉽게 포기할 수는 없는 노릇이다. 이번에는 족대를 들고 뛰다시피 은어를 좇아간다. 하지만 이번에도 역시 허탕이다.

"총알이네! 빨라도 너무 빨라!"

몇 마리 건져 올리기를 기대하던 식구들이 왁자하게 웃는다.

"은어는 보리 팰 때 먹어야지 지금은 억세서 못 먹어. 그럼 그때 먹어야지, 전문가니까 내가 다 알지."

무안해진 형의 궁색해도 너무 궁색한 억지 변명이다.

"형님! 거기 장어 도망가네요."

한바탕 소동에 놀란 장어가 풀숲에서 나와 바위틈으로 숨어든다.
"바위틈으로 들어가면 못 잡어! 장어는 말이야, 밤에 돼지비계나 고등
어 대가리를 주낙에 꿰어서 잡는 거야. 내가 전문가니까 잘 알지! 내가
다음에 몇 마리 잡아오지. 몸보신 하게 말이야!"

"네! 알겠어요. 형님! 꼭 좀 잡아 오세요. 그나저나 깻잎전 부쳐 놨어
요. 막걸리나 한 잔 하세요."

한 이틀 보이지 않던 형이 며칠 전 사건을 만회하려고 황돔을 잡아온
눈치다. 전문가 형은 아마도 이틀간 무지 바빴겠다. 장어를 잡으러 황
개천에서 밤을 새기도 하고, 손전등을 들고 문어가 많이 나는 조수 웅
덩이를 뒤지기도 했을 것이다. 연유야 어찌되었든 커다란 황돔구이에
막걸리로 호사를 누린다.

전문가 형은 떠돌이 약초꾼이다. 젊을 때는 제천 인근에서 약초를 캐
생계를 이었다. 아이들이 자라고 교육비 부담이 커지자 형은 전국을 돌
며 약초를 캤다. 작은 섬들을 돌며 하수오를 캘 때는 목돈을 만질 수 있
었다. 덕분에 아이들 뒷바라지를 풍족하게 해줬다. 형은 십 년 전에 약
초를 캐러 산방산에 왔다가 화순이 너무 좋아서 터를 잡았다고 한다.
"그럼 형은 가족들 만나러 육지에는 안 나가세요?"

"내가 뭐 하러 나가나? 명절에 말고는 안 나가. 애들은 객지에서 대
학 다니고, 마누라는 반기지도 않는데 말이야. 난 그냥 여기 사는 게
좋아. 여기서 서너 달 약초를 캐면 못 벌어도 이천만 원은 벌어. 이 보
다 좋은 곳은 없지. 그 돈은 거의 다 애들 학비로 보내지. 전문가니까
말이야."

가족 이야기를 하면서 전문가 형의 얼굴에는 뿌듯함과 쓸쓸함이 묻어난다.

"이봐, 그런 얘기는 그만하고 내가 중요한 정보를 주려고 왔어. 김 선생! 자네 여행 좋아하고 술도 좋아하지?"

"네!"

"그럼 내 얘기 잘 들어. 내가 말이야 전국을 돌면서 약초를 캤잖아. 어느 산에 갔는데 비싼 약초를 캤어. 그러면 산한테 고마운 표시로 술을 담가서 묻어두었지. 그게 대충 천사백 병이 넘어. 그거 다 김 선생한테 줄게."

"저는 독한 술은 못 먹고 막걸리 몇 병이면 충분한데요?"

"이봐! 자네 참 바보네. 내가 제주에 들어온 지 십 년이니까, 그 술들은 최소 십 년에서 삼십 년은 됐지. 다 찾아서 팔면 2억은 넘을 걸?"

"고맙긴 한데 그 술들을 어떻게 찾아요?"

"내가 다 적어놨지. 묻은 곳에 알아볼 수 있게 표시도 해놓고 말이야. 내가 전문가잖아!"

전문가 형의 이야기를 들어준 대가로 어마어마한 양의 술과 많은 돈이 생겼다.

"형님, 고맙습니다. 이렇게 귀한 황돔에 막걸리 세 병이면 부족하지 않아요? 저희가 부자가 될 수 있는 정보를 주셨으니 제가 막걸리 세 병 살게요."

"그래? 좋지!"

무리하는 법이 없는 형은 막걸리 한 잔을 더 들더니 쓸쓸히 일어나 집으로 돌아간다. 늘 유쾌하던 형이 가족 이야기에 외로워졌나 보다.

평화대행진

"우리는 총을 들고 평화를 이야기할 수 없습니다."

사람들은 자주 진리를 잊고 산다. 무기를 들고 누군가에게 '우리 평화롭게 살자'는 것은 싸움을 하거나 아니면 너는 내 종이 되라는 요구일 뿐이다. '군대가 없어지면 누가 우리를 지켜주지?'하는 걱정을 하지만 '군대가 없어지면 누가 전쟁을 일으키지?'라고 바꿔 생각하면 평화를 위해서는 군대는 마땅히 없어져야 하고, 용기 있는 자가 먼저 무기를 내려놓아야 한다. 평화를 위한 전쟁이라는 말은 전쟁을 좋아하는 자들의 자기변명이다.

전쟁이 없으면 평화롭다. 전쟁과 평화는 따라다니는 단어로 오래 써 왔지만 절대로 양립할 수 없는 단어다. 어떤 나라가 자기 나라 근처에 대규모 군사시설 만드는 일을 좋아하겠는가? 상대 나라는 자국을 보호하기 위해 더 파괴적인 무기를 만들 것이고, 첫 번째 공격대상은 당연히 제주도가 될 것이다. 해군기지가 들어오면 경제적 이익이 얼마이고 평화를 지키는 데 큰 역할을 할 것이라고 떠들지만 평화는 돈으로 살 수 없는 것이고 평화를 지키는 데는 무기를 내려놓는 것보다 확실한 방법은 없다.

제주도를 평화의 섬으로 지키고 싶은 마음은 간절한데 해군기지가 완성되어 가고 있다니 안타까운 일이다.

평화를 이야기하며 제주도를 순례하는 평화대행진 팀이 화순으로 들어왔다. 우리 가족도 참가하고 싶었지만 어린 아이들을 데리고 뜨거운 아스팔트를 걷는 일이 무리겠다 싶어 포기했다. 인솔자를 찾아가 '우리는 음악으로 평화대행진에 함께하고 싶다.'는 말을 건넸다. 인솔자와 곁에 있던 사람들이 웃으며 반긴다. 평화대행진 팀은 화순에서 한낮 더위를 피해 쉬었다가 갈 계획이니 떠나기 전에 노래를 불러 주면 좋겠다고 한다. 마음으로만 평화대행진을 응원하고 있었는데 잠시나마 함께할 수 있는 기회가 생겨서 좋다.

진행팀은 함께할 수 있는 자리를 마련해 준 것만으로도 고마운데 열두 명이나 되는 대식구를 평화의 식탁에 초대해 줬다. 자유롭게 흩어져 점심을 먹고 있는 사람들 사이에 자리를 잡고 사랑과 평화를 노래했다. 사람들은 흥에 겨워 박수를 치면서 '한곡 더'를 외친다.

평화를 이야기하는 사람들은 고생을 하면서도 에너지가 넘친다. 왜 사람들이 한여름 땡볕에 고생을 하며 걷고 있는지 아이들에게 설명하며 점심을 먹었다. 평화롭고 고마운 시간이다.

희수씨
친구들

　희수씨 친구들 가족이 놀러 왔다. 차에서 내리는 짐이 산더미다. 돼지 삼겹살, 목살, 오리 훈제, 회 두 접시, 갖은 채소, 라면 한 박스, 과자 한 부대, 소주, 맥주, 막걸리, 음료수 등 다 나열하려면 숨이 가쁘다. 일박 이일 캠핑 준비로는 과하다.

　"뭘 이렇게 많이 사 오셨어요?"

　"오늘도 먹고, 두고두고 드시라고요."

　목소리가 호탕하다. 싱글
벙글 웃는 모습이 성격도 그
러하겠다. 희수씨 친구들은
해군기지 건설현장에서 대형
크레인을 운전한다. 몇 년간
안정된 일에 보수도 좋아서
생활이 넉넉해졌다고 한다.

　"그거는 잘 됐네. 그래도 그렇지 전쟁 준비하는 사람들 도우면서 아름다운 자연을 파괴하는 짓이 미안하지도 않아?"

　마음에 있는 생각을 감추지 못하는 희수씨가 핀잔을 준다.

　"미안하지! 내가 배운 건 얼마 없지만 구럼비 바위가 얼마나 예뻤는지는 알지. 나도 사실은 강정에 해군기지를 설계한 사람들이 이해가 안가. 바다가 얕아서 몇 년째 바위를 깨고 있거든. 차라리 깊은 바다가 가까운 곳을 찾아야지. 강정은 해류도 무서워! 저번 태풍에는 바다에 쌓아 둔 20톤이 넘게 나가는 시멘트 블록 몇십 개가 떠내려 가버렸어. 내가 한 달 가까이 작업한 건데 말이야. 그게 다 어디로 갔겠어? 깊은 바다로 떠내려 가서 쓰레기나 됐겠지. 내 일거리만 늘어났어. 말하자면 강정은 해군기지가 들어서기에는 조건이 좋지 않아! 출퇴근하다가 정문 앞에서 시위하는 사람들 만나면 미안한 생각이 들지. 하지만 어쩌겠어? 먹고는 살아야지."

"일만 잘하는 줄 알았더니 많이 배웠는데?"

"친구도 해군기지 반대하고 싶으면 강정에 와서 반대시위에 참가해! 내가 해군기지에서 번 돈으로 밥 사 주고 술 사 주고 할 테니까!"

"친구는 해군기지 안에서 일하고, 우리는 정문 앞에서 시위하다가 저녁에는 만나서 밥도 술도 얻어먹으면서 놀고? 그러면 해군기지 건설 자금이 시위대를 지원하는 꼴이 되겠는데?"

곶자왈에
가다

바람이 불지 않는 날은 더위를 피해 다니는 일로 하루를 보낸다. 집에 그냥 있다가는 다들 녹초가 되고 말겠다. 오늘은 '곶자왈' 탐험이다. '곶자왈'에 들어서면 먼저 서늘한 기운이 반긴다. 숲 밖은 숨이 막힐 지경인데 숲 안은 한기를 느낄 정도다. 제주 방언으로 '곶'은 '숲'이고 '자왈'은 '자갈'이니, 이름을 풀자면 '돌이 많은 숲'이겠다. 제주 사람들은 옛날부터 '곶자왈'을 생명의 근원으로 신성시했다. 숲을 거닐다 보면 그 이유를 쉽게 알 수 있다.

'곶자왈'에는 반듯하게 자란 나무가 없다. 어떤 나무는 덩굴식물처럼 자라고, 누워서 자라는 나무가 있는가 하면 뿌리로 바위를 감싸 쥐고 자라는 나무도 있다. 뿌리로 바위를 움켜쥔 나무는 걸어다닐 수도 있겠다. 금방이라도 숲의 요정이 말을 걸어 올 것만 같다. '곶자왈'은 대부분 돌로 이루어져 있고 흙이 적지만, 습기가 많아 바위에서도 식물들이 잘 자란다.

'곶자왈' 지하에는 거대한 저수지가 있어 겨울에는 따뜻하고 여름에는 시원하다. 한라산에 내린 비는 '곶자왈'에 모여들어 생명의 숲을 키우며 머물다가 땅속 물길을 지나 계곡으로 용천수로 뿜어져 나온다.

'곶자왈'은 물의 근원이고 생명의 근원이다. 제주 여러 곳에 자리 잡고 있는 '곶자왈'이 없었다면 제주도는 사람이 살지 못하는 땅이었을 것이다. 제주도는 어떤 이가 사람과 온 생명들이 살아가기 좋도록 정교하게 설계를 한 살아 있는 섬이다.

많이 알려지지 않은 '안덕 곶자왈' 원시림에는 우리 가족만 조용히 들어 와 있다. 앞서가던 수남이가 뒤를 돌아보며 손가락을 입에 가져다 댄다. 몸을 낮추고 수남이가 가리키는 쪽을 바라본다. 노루 가족이 한가롭게 놀고 있다. 사람들이 많이 다니는 숲에서는 볼 수 없는 풍경이다. 타고난 사냥꾼 수남이는 새끼노루를 잡자고 손짓으로 말한다. 열두 명이 노루 가족을 몰아보지만, 발 빠른 노루는 벌써 저만치 도망가서는 여유를 부린다. 사람을 경계하지만 그렇게 두려워하지는 않는다. 아마도 저 노루 가족이 이 '곶자왈'의 주인인가 보다.

신비로운 세계를 빠져 나오면 키 작은 나무들이 자라는 풀밭이 나타난다. '곶자왈'에 있는 바위는 축축한데 숲 밖에 있는 흙은 메말라 있다. 방목된 소들이 한가롭게 풀을 뜯는다. 메마른 땅에는 나무가 크게 자라지 못하니 자연스레 풀밭이 만들어져 소나 말을 방목하기에 적당하다. 이 또한 제주도를 정교하게 설계한 어떤 이의 생각이지 않을까? 하늘은 쨍쨍한데 산방산 봉우리에 옅은 구름이 피어나기 시작했다. 또 다시 그리움이 몰려 왔나 보다.

지리산 누나를
다시 만나다

몇 년간 연락이 없던 누나에게서 전화가 왔다.

"동생! 어디야? 나 제주에 왔는데."

언제나처럼 다정한 말투다.

"그래? 우리 지금은 화순에 있어. 다음 주에는 강정에 있을 테고."

"나는 서귀포에 있는데 저녁 무렵에 갈께. 음식준비는 안 해도 돼! 내가 바리바리 싸들고 갈 테니까!"

밝은 목소리를 들어서 좋기는 한데 '뭔가 사연이 생겼구나!'하는 생각이 스친다. 누나와는 지리산에 살 때 인연을 맺었다. 십오 년 전이니 꽤나 긴 인연이다. 누나는 서귀포에 있는 라이브 카페 사장과 K-Pop 박물관 관장을 데리고 왔다. 당분간 카페에서 노래를 해 주며 지내기로 했다고 한다.

"누나! 통영 일은 어쩌고?"

몇 년간 수지침을 배워 사람들을 치료해 주며 행복하게 살고 있다는 소식을 듣고 있었던 터라 슬쩍 물어본다.

"음, 사람 하나가 잘못됐어! 시한부 선고를 받고 나한테 왔는데 고치지 못했지. 내 책임 같은 생각도 들고 무섭더라. 그냥 노래나 하면서 살려고 정리했지. 살림살이는 주위 사람들에게 다 나눠 주고 정리를 하니깐, 오 년을 살았는데도 기타 하나에 여행가방 하나만 남더라고. 여행 삼아 며칠 전에 제주에 왔는데 일자리도 쉽게 구하고 해서 제주에 몇 년 살아 볼까 해."

"그랬구나! 누나 살림은 가벼워서 참 좋아! 언제든 떠날 수 있잖아. 사람들은 뭐라도 하나 더 가지려 하는데 말이야. 나도 누나한테 좀 배워야겠는 걸?"

"야! 그런 말 하지 마라. 주화 울겠다. 저 버스라도 없으면 이 많은 식구가 어떻게 살겠냐?"

누나는 지리산에 들어 올 때도, 지리산을 떠날 때에도 여행가방 하나에 기타가 전부였다. 양양에서 몇 년, 곡성에서 몇 년, 통영에서 몇 년을 살았다지만 여행가방 하나와 기타 말고는 가진 게 없다. 누나의 인생도 바람을 닮아 있다.

이중섭 거리에서 카페 '우드스탁'을 운영하는 형님과 희수씨는 버스킹 문화를 아직 이해하지 못하는 사회에 대한 서운함과 관광과 문화를 제대로 연결하지 못하는 행정 이야기로 시끌벅적하다. 작은 연예기획사를 운영했다는 우드스탁 형님은 희수씨와 죽이 잘 맞는다. 대학에서 춤을 전공했다는 K-Pop 관장은 다섯째 진서와 노느라 정신이 없다. 아기를 좋아해도 저렇게 좋아할 수 있을까?

참 오랜만에 누나가 불러 주는 노래를 듣고 희수씨도 답가를 불러 준다. K-Pop 관장은 절뚝이는 발(얼마 전에 춤을 추며 놀다가 접질렸단다.)로 진서를 안고 춤을 춘다. 바람이 바람을 만나 잔치를 벌이고 있다. K-Pop 관장은 아이들 데리고 자기네 박물관에 놀러 오라며 입장권 대신으로 쓸 수 있는 명함을 주고 갔다. 아이들이 가 보고 싶다며 졸랐었는데 잘 됐다. 고마운 인연이다.

K-Pop 박물관,
박물관 풀코스

비가 내린다. 요즘 제주도는 날씨 변덕이 심하다. 새벽까지도 별이 초롱초롱했는데 남쪽에서 불어오는 후덥지근한 마파람이 비를 몰고 왔다. 이런 날에는 박물관 나들이가 제격이다. 어제 K-Pop 관장이 주고 간 공짜표도 있으니 부담 없이 놀 수 있겠다.

K-Pop 박물관은 대단히 화려하다. K-Pop을 좋아하는 중국인들의 관심을 끌기에 부족함이 없겠다. 예상했던 것처럼 박물관 안에는 중국인 관광객들이 많이 보인다. 아이들은 K-Pop 역사관에서 가수가 되어 보기도 하고 가상현실로 꾸며진 스타들과 여행을 하기도 한다. 싸이 캐릭터가 등장하는 4D관은 관객이 실재로 가상현실에 들어와 있는 듯해서 애들은 손을 뻗어 싸이를 잡으려고 앉았다 일어섰다를 반복한다. 마지막 코스인 홀로그램 공연장은 너무나 정교하게 만들어져서 진짜 가수가 노래를 하는 것 같다.

박물관 구경을 마치고 나오는데 K-Pop 관장에게서 전화가 왔다. 진서와 한 시간만 놀게 해주면 점심을 사겠다고 한다. 우리가 마다할 이유가 없다. 고맙고 재미있는 친구다. 진서가 K-Pop 관장과 놀아 준(?) 덕분에 맛있는 밥까지 잘 얻어 먹었다. 오늘은 가난한 여행자가 아니라 관광객이 되었다. 고맙다는 인사를 건네고 집으로 돌아가려는데 K-Pop 관장은 진서에게 두툼한 봉투를 준다.

"이게 뭐예요?"

"이 근처에 있는 박물관 초대권이에요."

봉투를 열어 보니 아이들이 가고 싶어 하던 박물관이 다 있다.

"고맙습니다. 관장님! 아이들 선물로 최곤데요! 다음에 만나면 진서 보고 하루 종일 놀아주라고 할 게요."

초대권도 받았으니 내친 김에 박물관 나들이를 시작해 볼까? 이번에는 입체그림으로 생동감을 만들어 내는 박물관이다. 아이들은 그림 속으로 들어가 즐거워한다. 수남이는 화난 킹콩에게 붙잡혔고 동생들은 오빠를 구하려고 이리저리 뛰어다니며 야단법석이다. 아이들은 그림으로 들어가 동화나라의 주인공이 되고, 유명한 화가의 모델이 되기도 한다.

'그래, 너희들이 살아갈 세상은 그렇게 평화롭기만 해라!'

박물관을 구경하며 걸어 다니느라 지칠 만도 한데 아이들의 에너지는 밑도 끝도 없다. 초대권을 골라 들고는 한 군데만 더 가자고 성화다. 아이들을 따라 다니느라 어른들은 지칠대로 지쳤지만 어쩔 수 없다. 친구들에게 들었는지 제주에 도착할 때부터 졸라대던 '믿거나 말거나 박물관'에 간다.

박물관에 들어선 아이들은 호기심을 자극하는 물건들과 사진, 영상에 푹 빠졌다. 키가 270㎝나 되는 거인 아저씨와 악수도 하고, 목이 길어도 너무 긴 미녀를 만나기도 한다. 원시 부족 추장과 놀고 무시무시한 고문 도구를 만지작거리면서도 논다. 사람 목을 잘라 넣어둔 유리병도 아이들은 무서울 게 없다. 자기 머리를 유리병에 넣어 두고는 사진을 찍어 달라 조른다. 아이들과 함께하는 여행에서 박물관이 없었다면 좀 아쉬웠겠다.

오늘 쓴 초대권을 돈으로 계산하면 대충 삼십 만 원어치는 된다. 진서 덕분에 하루 종일 박물관에서 살았다. 나머지는 아껴 두었다가 다음 비 오는 날 가자!

화순 금모래 해변
음악 페스티벌

　화순리 청년회장이 찾아왔다. 수영장과 해수욕장, 캠핑장 관리를 청년회가 맡아서 한다는 것을 알면서도 인사 가는 것을 차일피일 미루다가 미안하게시리 청년회장이 먼저 찾아와 버렸다. 양손에는 막걸리와 통닭이 들려 있다.

　"저희가 먼저 찾아 뵈었어야 하는데 죄송해서 어쩌죠?"

　"아닙니다. 이렇게 오셔서 오래 계시니 저희가 고맙죠. 여기 참 살기 좋은 동네죠?"

　미안한 마음으로 인사를 했는데 고마운 마음이 대답으로 왔다.

　"부탁이 있어서요."

　뭔가 미안한 부탁인 듯 말투가 조심스럽다.

　"네, 뭐든지 들어 들일 테니 막걸리나 한 잔 하면서 이야기하시죠!" 청년회장은 우리가 화순에 들어 온 첫 날부터 우리의 정체(?)를 알고 있었다. 여러 번 찾아와 이야기를 나누고 싶었지만 하는 일이 많아서 그러지 못했다며 미안해 한다.

　"민물 수영장과 캠핑장, 야외무대는 마을 청년회가 주도해서 만들었어요. 수영장과 캠핑장은 활용도가 높은데 야외무대에는 아직까지 제대로 된 공연을 한 번도 올리지 못했거든요. 저는 무대에서 여름 동안 축제를 벌이고 싶어요. 관광객들이 아름다운 자연환경에서 쉬다가는 것도 좋지만 다양한 문화공연까지 즐길 수 있다면 얼마나 좋겠어요? 그런데 예산이 없어서 시작도 못했거든요. 예산을 받으려면 사람들을 설득해야 하는데 그게 좀 어려워요. 문화공연과 관광사업이 무슨 관계가 있느냐는 핀잔을 듣기 일쑤죠. 그래서 부탁인데 두 분이 페스티벌을 시작할 수 있도록 도와주시면 고맙겠는데요. 정해진 예산이 없으니 이번에는 청년회 수익금으로 조금밖에 못 드리지만 내년에는 정식 출연료로 초대할게요."

제주시에서 기획사를 운영한다는 젊은 청년회장은 문화와 관광을 바라보는 관점이 바르고 의욕도 넘친다.

"당연히 도와드려야죠."

마을 분들에 대한 고마움으로 무료 공연이라도 해드릴 형편에 약간의 출연료까지 준다니 고맙기만 하다.

휴가철이 끝나갈 무렵인데도 제법 많은 사람들이 모였다. 한쪽 귀퉁이에는 이웃집 할머니들과 할아버지도 자리를 잡았다. 현악 사중주로 시작한 공연은 제주 방언으로 노래를 만들어 부르는 '뚜럼 브라더스'의 노래로 이어졌다. 청중과 제주 방언으로 말을 주고받으며 하는 공연이 재미있다. 제주 방언 '뚜럼'은 바보다. 제주 사람들은 육지 말을 다 알아듣는데 육지 사람들은 제주 말을 절반도 알아듣지 못한다.

우리 차례다. 이웃집 할머니와 할아버지가 제일 좋아라 한다. 희수 씨는 공연 도중에 뜬금없이 내 나이를 맞추는 사람에게 음반을 선물하겠다고 말한다. 대여섯 번 기회를 줘도 정답을 말하는 사람이 없다.

"얘, 내 친구예요."

하는 희수씨의 말을 듣고서야 퀴즈 풀이가 끝난다. 사람들이 웃는다. 재미있는 공연이었다. 공연이 끝나고 집으로 돌아오는 길에 만난 앞집 할머니는 '가수한테 험한 일을 시켰다.'며 미안해 하신다.

난드르
바당에서

얼마 전에 문을 연 식당에서 오아시스 형님을 통해 공연 요청이 들어왔다. 정식 공연이라기보다는 온 식구가 다 와서 저녁을 먹으며 놀다가 손님들이 차면 노래도 하면서 함께 놀자는 것이다. 식당 주인의 생각인지 오아시스 형님의 함께 놀고 싶은 마음인지는 모르겠지만 재미있겠다.

'난드르 바당' 식당 이름이 참 예쁘다. 평평한 바다라는 말인데 잔잔하고 조용한 바다를 의미한다. 무대 배경도 너무나 좋다. 시원하게 펼쳐진 바다는 눈을 즐겁게 한다. 육지에 나가 직장생활을 하던 주인장은 고향 바다가 그리워 못 살겠다며 아내를 설득해서 바다로 돌아왔다.

아내는 식당을 하고, 남편은 가까운 바다에 나가 물고기를 잡는다. 그날 잡은 싱싱한 물고기로 회를 뜨고 요리를 한다. 상냥한 안주인이

해 주는 음식은 맛도 깔끔하다. 신선한 회에 깔끔한 음식, 잔잔한 바다, 천국의 식탁이 따로 없다. 판소리를 배운다는 '난드르 바당' 딸아이는 마이크를 보더니 자기가 먼저 노래솜씨를 뽐낸다. 그림 같은 가족이고 그림 같은 식당이다. 문을 연 지 얼마 안 되었지만 손님이 많다. 소문만 나면 장사가 잘 되겠다.

노래를 몇 곡 부르고 나면 손님들은 으레 음반과 책을 사 주고 막걸리도 한 잔씩 나눈다. 무슨 사연이 있는지 젊은 아가씨는 희수씨의 구슬픈 노래에 눈물을 흘린다. 식당 안에 있던 사내들은 맛있는 음식에 바다와 음악이 곁들여지자 흥에 겨워 야외식탁으로 자리를 옮긴다. 식탁이 두어 번 치워지고 다시 차려진다. 음반과 책도 적당히 팔렸다. 조용한 바다에서 잘 놀았다.

산방산 탄산온천에서
즐거운 하루

공연 수입도 좀 모였고 오늘은 온천 나들이다. 많은 식구가 하루를 즐겁게 보내려면 준비가 만만치 않다. 아침 일찍 김밥을 싼다. 아침, 점심을 김밥으로 먹으려면 서른여섯 줄은 있어야 된다. 수영복 열 벌, 갈아입을 옷 열 벌 이것만으로도 한 짐인데 꼬맹이들을 위해서는 물놀이 도구도 챙겨야 한다.

회국수집 사장님은 우리 가족이 온천에 간다는 소리를 듣고 할인권을 챙겨주셨다. 할인권으로 계산을 하니 일반 목욕탕 비용이다. 온천탕 안으로 들어가면 온몸이 간질간질하다. 몸을 간지럽게 하는 신기한 물에서 아이들은 잘도 논다.

탕 귀퉁이에서는 탄산수가 흘러들어 새물로 채워진다. 이렇게 많은 양의 탄산수는 어디서 나오는 걸까? 지질학자는 아니지만 아마도 산방산 봉우리에 피어오르는 구름과 관련이 있을 것 같다. 실내 온천에서 밖으로 나오면 노천탕이다. 탄산수 수영장도 있다.

여름내 물놀이로 단련된 수남이와 민정이는 깊은 물에서도 수영을 잘한다. 꼬맹이들은 얕은 물에서 물장구를 치며 언니, 오빠 흉내를 낸다. 파라솔 아래 옹기

종기 모여 앉아 김밥을 먹는다. 물놀이에 허기진 아이들은 김밥을 게눈 감추듯 먹어 치운다.

일광욕 침대에서 낮잠을 자고 일어나니 아이들이 집에 가자고 한다. 아이들도 이제는 지쳤나 보다. 하기야 네 시간이 넘게 물놀이를 했으니 지칠 만도 하다. 아직 해가 많이 남았는데 집에 가면 뭐하고 놀지?

짜이 다방
써니

멀리서만 바라보던 산방산 구경도 하고 산방산 아랫동네에 살고 있는 친구도 만날 겸 사계리로 집을 옮겼다. 산방산을 가까이에서 바라보니 더 신비롭다. 산방산은 사방이 다 깎아지른 절벽이고 주변은 평야지대다. 신기하게도 한 덩어리 바위로 이루어진 산에 물이 나고, 나무가 자라고, 산양도 살고 있다. 화순에 사는 전문가형님 이야기로는, 산방산 약초는 우리나라에 있는 약초가 다 모인 것처럼 종류가 많고 효능도 뛰어나다고 한다.

아주 오래전 바다에서 솟아올랐다는 산방산에는 생명의 근원인 바다의 힘이 남아 있는 걸까? 신비로운 산방산을 가만히 올려다보고 있노라니 지금도 조금씩 자라고 있는 것 같다. 산방산 구경을 마치고 친구에게 전화를 걸었다.

"유니! 우리 산방산에 왔는데 뭐 하셔?"

"응, 친구 가게에 있는데 여기로 와. 좋은 친구도 소개시켜 주고 짜이도 만들어 줄게."

사계리 입구에 있는 짜이 다방은 외계인들도 잘 찾아올 수 있도록 이정표에 위도와 경도를 정확하게 표시해 두었다. 'since 1973~'라는 표시로 가게의 과거와 현재를 알리는 간판은 많이 봤지만 지금 내가 어디에 있는지를 강조하는 간판은 처음 본다. 짜이 다방 주인은 아마도 '지금을 행복하게 사는 사차원 소녀이지 않을까?'하는 상상을 하며 가게 안으로 들어선다.

"유니 이모!"

아이들이 우르르 몰려간다. 오랜만의 만남이 시끌벅적하다. 유니도 우리 가족도 여행을 좋아하는 터라 자주 만나지는 못하지만 아이들의 자유분방함을 인정해 주고, 색다른 음식을 만들어 주고, 가끔은 선생님이 되고, 친구도 되어주는 유니를 아이들은 무척 좋아한다. 시끌벅적한 인사를 마치고 아이들은 느리게 움직이는 거북이 아니 고양이와 신기한 다른 나라 물건들에 정신이 팔렸다.

"뭐 드릴까요?"

다방 주인장이 환하게 웃으면 주문을 받으러 왔다.

"길수! 인사해, 친구 써니야!"

"유니! 선영이라니깐!"

유니의 이상한 발음을 선영이 고쳐 말한다. 유니는 작년 겨울에 태국에 갔다가 올해 늦봄이 되어서야 돌아왔다. 서툴렀던 한국말이 더 어설퍼졌다. 유니는 어려서부터 미국에서 자라고 대학도 나왔다. 건축디자인을 전공하고 건축회사에 들어가 디자인 일을 하다가 새로운 공부를 위해 여행을 떠났다. 생태건축과 생태농업, 생태적인 삶에 대한 공부도 재미있었지만 여행은 유니의 삶을 바꿔 놓았다. 여행에서 만난 자유와 행복은 화려하고 편안한 미국생활로 돌아가는 것을 허락하지 않았다. 몇 년 전에 한국으로 돌아온 유니는 여행을 통해 자신이 배운 것들을 실천하며 아름답게 살고 있다.

"짜이 한 잔, 허브티 한 잔 주세요. 그리고 선영보다는 써니가 더 어울리는 이름 같은 데요? 저도 그냥 써니라고 부를 게요!"

비쩍 마른 몸에 가무잡잡한 피부는 바람과 햇빛을 담고 있다. 써니에게서도 바람의 냄새가 난다. 써니는 찻물을 올려놓고 텃밭으로 나가서는 한참 동안 앉아 있다. 느릿느릿 움직이는 써니는 텃밭에 나간 김에 잡초도 조금 뽑고 하얀 나비와도 좀 놀다가 허브 잎 한 줌을 들고 들어온다. 느리게 우려낸 차는 맛과 향이 그윽하다. 차를 마시면서 나비를 좇아 허브차밭을 둘러본다.

여러 가지 허브식물이 키 작은 잡초와 함께 자라고 있다. 허브보다 웃자란 잡초는 써니의 느린 손길에 뽑혀 허브 곁에 누워 있다. 마른 풀, 덜 마른 풀, 싱싱한 풀이 허브 곁에 차례로 누워 있는 걸 보니 하루에 다 뽑은 모양새가 아니다. 써니는 허브를 조금 더 아낄 뿐 잡초도 함부로 대하지 않나 보다.

다방 내부는 제주 전통가옥의 뼈대를 유지하면서 다른 세계를 옮겨 놓았다. 실내장식은 물론이고 방석이며 깔개, 생활소품, 차 도구들도 다 인도 물건이다.

써니는 6년간 인도를 여행하다

가 3년 전에 생활터전이었던 서울로 돌아왔다. 여행자에게 다른 나라의 바람은 자유다. 자유의 바람으로 살다가 틀에 박힌 생활로 돌아오는 일은 숨이 막힐 노릇이었다. 써니는 결국 서울생활을 포기하고 바람 많은 제주로 내려와 인도에서처럼 여행자로 살고 있다.

"짜이 다방에 앉아 있으니 인도에 온 것 같아요."

"저도 그렇게 상상해요. 오전에 인도로 출근해서 일을 하고, 저녁에는 제주로 퇴근하는 거지요. 멋지죠?"

역시나 상상했던 것처럼 4차원 소녀다.

"유니! 팔 좀 내밀어 봐!"

써니, 유니, 길수는 피부색이 닮았다. 어딜 가나 바람은 티가 나겠다. 아름다운 친구를 만나 기분 좋은 날이다.

잔잔한
인연

"길수씨! 어디에 있어요? 우리 지금 제주에 왔는데 며칠 함께 여행해도 될까요?"

반가운 목소리다.

"당연하죠! 아직도 화순에 있어요.(벗들은 SNS를 통해 우리 가족이 어디서 뭘 하며 노는지 대충 알고 있다.) 어서 오세요."

형님은 나보다 나이가 한참 많고 형수는 나보다 몇 살이 어리지만 형은 모두에게 존칭을 쓴다. 형은 말과 행동에 겸손이 배어 있다. 지리산에서부터 알고 지냈으니 십 년이 넘는 인연이다. 일 년에 한두 번 만나는 사이지만 늘 친근하다. 형님 부부는 딸아이 둘을 데리고 왔다. 아장아장 걸어 다니던 둘째가 배꼽인사를 한다.

"세희씨! 그 꼬맹이가 이렇게 많이 컸어요? 우리가 꽤 오래 보지 못했나 봐요."

"뭘요! 작년 겨울에 눈 쌓인 숲에서 고기 구워 먹고 놀았잖아요. 아이들은 정말 빨리 자라더라고요."

반가운 인사를 나누고 있는데 수남이가 모살치 대여섯 마리를 나무꼬챙이에 꿰어 들고는 힘없이 걸어온다.

"안녕하세요?"

수남이가 기운 없이 인사한다.

"수남이는 청년이 다 됐는데요? 근데, 수남이 뭔 일 있어요?"

"아뇨! 요즘 자꾸 혼자 있고 싶다면서 동생들하고는 안 놀고 낚시나 하고 책이나 보고 그래요."

"저거 전형적인 중2병 증상인데요."

텐트를 차에서 내리던 형이 한 마디 한다. '방학을 함께 보내던 준호와 준영이가 돌아가서 시무룩해졌나 보다.'고 생각하고 있었는데 그게 아니었구나! 생각해 보니 요즘 수남이는 목욕탕에도 아빠랑 안 들어가고, 옷을 갈아입을 때도 혼자 숨어서 입는다. 학교에서 아이들을 가르치는 형은 진단이 빠르다. 남의 자식 크는 것은 알고 내 자식 성숙해가는 것은 몰랐구나!

"세희씨! 어서 애들 수영복 챙기세요. 여기 수영장 놀기 좋아요."

"수남아! 동생들 새로 왔는데 아빠랑 같이 수영하러 가자!"

느긋하기만 하던 아빠가 바빠졌다. 우리 가족은 수남이가 잡아온 모살치를 굽고 갯바위에서 따온 방풍 잎과 수영장 옆 작은 숲에서 뜯어온 취나물을 데쳐 놓았다. 캠핑을 온 세희씨 가족이 고기를 구워 먹자고 할 것을 예상하고는 여름에 새로 돋은 칡 순과 뽕잎도 준비했다. 쌈채소로는 조금은 거칠어도 하우스에서 키운 상추나 깻잎보다는 야생에서 채취한 것이 맛있고 몸에도 좋다. 형은 아침에 낚시체험에 가서 잡아온 돌돔조림을 가져왔다. 예상은 빗나갔지만 잔칫상이 더 푸짐하다.

"형! 이렇게 귀한 물고기를 어떻게 잡았어요? 돌돔 조림은 칡 순이나 뽕잎에 싸서 먹으면 정말 맛있어요! 여기요 한 번 드셔 보세요."

형은 처음 듣는 이야기에 '그래요?'하며 의아한 표정을 짓고, 내가 바닷가 언덕에 다녀온 이유를 아는 식구들은 어이없어 웃는다.

"형님 학교생활은 좀 어때요? 작년에는 좀 힘들어 했잖아요."

"지금은 할만 해요. 그때는 시작한 지 얼마 안 되는 학교라 자리를 잡는 데 시간이 필요했던 것뿐이에요."

타고난 학자 스타일의 형이 여러 사람들과 모여 학교를 만들어가는 과정이 그리 쉽지만은 않았겠다.

"형님! 아이들과 함께 지내서 그런지 아까는 정말 예리하던데요? 샤워장에서 때를 밀어준다는 핑계로 수남이 거시기를 봤더니 털이 나기 시작한 거예요. 자기 몸에 변화가 생기니까 시무룩해진 거죠. 수남이가 사춘기를 잘 건널 수 있도록 좀 더 신경을 써야겠어요. 고마워요 형!"

"너무 가까이에 있으면 못 볼 수도 있죠. 나중에 우리 애들은 길수씨가 지켜봐 줘요."

아이들 키우는 이야기, 학교생활, 여행이야기로 한여름 밤이 깊어간다. 여자들끼리 이야기를 나누던 세희씨가 불쑥 묻는다.

"길수 오라버닌 지나간 것들에 후회한 적 있어요?"

"아니요. 되돌릴 수도 없는 것들을 생각해 봤자 마음만 아플 텐데 뭣 때문에 후회를 하겠어요?"

그냥 이론적인 대답을 해 놓고는 지난 세월을 회상한다.

"어떻게 그럴 수 있죠?"

지금은 후회 없는 삶을 살고 있는 것은 확실한데 '어쩌다 이렇게 되었지?'하고 생각하다가 결정적인 시기가 떠올랐다.

"저도 이십대 중반까지는 '내가 왜 그 선택을 했을까?'하는 후회로 스스로를 책망하고 울기도 많이 울었어요. 그러던 어느 날 큰 후회가 찾아와서 많이 울었어요. 실컷 울고는 내 선택과 행동에 무슨 근원적인 문제가 있는지 살펴봤죠. 심각한 문제가 있었더라고요. 다른 사람들도 그렇겠지만, 선택에는 나만의 목적이 있었어요. 그때부터는 '무엇을 할 것인가?'에 대한 선택의 순간이 오면, 일단 나의 목적은 지워 버리고는 어떤 것을 선택했을 때의 다양한 가능성을 펼쳐 놓았죠. 그리고 '어떤 길을 택해야 지금 우리가 아름답고 행복할 수 있을까?'를 생각했죠. 그렇게 살다보니 대부분 일들이 잘 풀렸어요.

　어쩌다 만나는 잘못된 인연과 선택의 결과가 비참해도 제게는 책임이 없는 거죠. 그 책임은 어떤 목적을 가졌던 그들의 몫이잖아요. 내 목적을 포기한 순간부터는 잘못된 인연의 좋지 못한 결과마저도 아름다운 내일로 저를 몰아갔죠. 지금은 그런 선택마저도 안 해요. '지금 무엇을 하는 것이 아름다울까?'를 생각하다 보면 할 일은 한 가지밖에 없더라고요. 진리라는 문은 하나밖에 열려 있지 않아요. 반대로 욕망이라는 문은 닫혀 있지만 많지요. 지금 여기를 사랑하면 오늘도 내일도 마냥 행복할 수 있어요."

　세희씨가 환하게 웃는다.

　"오라버니 책 두 권만 주세요. 좋은 이야기도 써 주시고요. 며칠 있다가 좋아하는 언니들을 만나는데 선물하고 싶어요."

수남이 꿈을
좇아가다

"수남아! '곤충, 파충류 박람회'가 있다는데 거기나 놀러 갈까?"

혼자 낚시를 하러 가겠다며 낚시도구를 챙기던 수남이가 헤벌쭉 웃으며 반긴다. 아무것도 모르는 진아가 신이 나서 '나도 나도'한다.

"진아야! 곤충이랑 파충류가 뭔지 알아?"

"내가 모를 줄 알아? 코끼리나 원숭이나 그런 거잖아!"

엉뚱 공주 진아이 대답이 가관이다.

"그래그래, 아빠는 수남이 오빠만 데려가려고 했는데 진아가 이렇게 똑똑하니까 다 같이 가자!"

마냥 어리다고만 생각했던 수남이가 너무 진지하다. 꼬맹이들은 귀여운 토끼나 햄스터와 노느라 바쁜데 수남이는 곤충전시관에서 곤충들의 한살이 공부에 집중한다. 수남이가 파충류 전시관으로 움직이더니 허물을 벗고 있는 뱀을 관찰한다.

"수남아! 곤충전시관에서 뭘 배웠지?"

"곤충들이 어떻게 알을 낳는지, 유충이 어디서 어떻게 자라는지, 변태를 해서 성충이 되는 과정 그런 것들을 배웠어요."

"저 뱀은 뭐하고 있는지 알아?"

"그럼요. 자라려고 허물을 벗고 있잖아요."

"그렇지! 저것도 변태라고 하는 거 알지? 그럼 아빠가 문제 하나 낼게. 포유동물들은 변태를 할까, 안 할까?"

"사자나 멧돼지가 어떻게 변태를 해요?"

"어? 수남이가 약간 잘못 알고 있네? 변태는 곤충이나 파충류에만 해당되는 말이 아니고 모든 동물이 어른이 되는 과정에서의 변화를 의미하는 말이야. 사람도 마찬가지지. 동물마다 변태 과정이 다를 뿐이야. 멧돼지는 새끼 때 있던 줄무늬가 사라지고, 사자는 어른이 되면 갈기가 멋지게 자라지. 뱀이나 곤충들은 있는 힘을 다해 변태를 하다가 다른 동물들에게 잡아 먹히기도 하고 힘이 떨어져서 변태를 못하면 죽고 말아. 그런데 말이야 사람에게는 좀 다른 것이 있어. 털이 나고 목소리가 변하는 몸의 변태와 마음의 변태가 있다는 거지. 몸의 변태는 한 번 일어나지만 마음의 변태는 하늘로 돌아갈 때까지 여러 번 일어난다는 거야. 몸의 변태야 그냥 내버려 두고 받아들이면 끝이지만 마음의 변태는 좀 복잡해. 마음의 변태는 잘못하면 주변 사람들이나 스스로에게 큰 상처를 남기기도 해. 아빠는 수남이 몸이 변하고 있는 거 알아! 행동도 좀 달라지고. 아빠가 믿고 사랑하는 수남이니까 몇 달 지나면 더 멋진 수남이가 되겠지?"

수남이는 아직도 털이 나기 시작한 것이 부끄러운지 말없이 고개만 끄덕인다.

"수남아! 저쪽에 가면 뱀이랑 거북이를 만져 볼 수도 있어. 어서 가자! 변태 중인 김수남!"

등딱지 무늬가 예쁜 거북이가 아이들과 놀아 준다. 아이들은 눈으로만 보는 것보다는 직접 만져 볼 수 있는 동물들에게 관심이 많다. 박람회장을 두어 바퀴나 돌았지만 아이들은 집에 갈 생각이 없다.

"수남아, 민정아! 엄마 아빠는 저기서 쉬고 있을 테니 지금부터는 너희 둘이 선생님이라 치고 꼬맹이들 데리고 다니면서 공부시켜라."

"야아! 선샌미 놀이다. 선샌미! 우리 토끼랑 놀러 가요!"

놀 때만 눈치가 빠르고 아직 말이 서툰 진아가 제일 좋아한다. 뱀을 무서워하는 동생들은 멀찍이 떨어져 있고 선샌미 수남이와 엉뚱 공주 진아는 커다란 뱀과 논다. 약간 겁이 나기는 하지만 선샌미가 되었으니 용기를 내어 목에 걸어본다.

"선샌미! 이 뱀 착하지요? 언니야, 이리 와 봐. 착한 뱀이야!"

"진아야! 이 뱀이 착하긴 해. 그래도 손가락으로 콕콕 찌르지는 마라. 뱀이 화나면 진아를 삼킬지도 모른다."

파충류 친구들과 실컷 놀고 꼬맹이들이 좋아하는 동화나라에 들렀다. 비밀의 문을 열고 들어선 동화나라는 아이들의 천국이다. 태어나서 한 번도 보지 못한 공중전화기로 동화 속 주인공에게 전화를 걸고, 예쁘게 꾸며 놓은 침실에서 공주처럼 누워도 보고, 공주 식탁에서 동화 속 주인공이 되어 밥도 먹는다. 동화나라를 돌며 이런저런 체험을 하던 꼬맹이들은 어느새 동화나라 주민이 되어버렸다.

모기 물린 공주님! 나쁜 모기들은 다섯째 진서만 공격한다. 모기 물린 인형이 인형을 가지고 논다. 수남이는 '곤충, 파충류 박람회'가 만족스러웠는지 별 관심도 없는 동화나라에서도 선생님이 되어 동생들을 잘

돌본다. 동화나라가 문 닫을 시간이 되었는데도 아이들은 집으로 돌아갈 생각이 없다.

"애들아! 이제 동화나라가 잠잘 시간이라는데! 너희들도 집에 가자!"

"왜요? 우리 그냥 여기 살면 안 돼요?"

"음! 그러면 안 돼. 동화나라는 꿈으로 이루어진 세상이거든, 동화나라가 잠을 못 자면 꿈을 못 꾸고, 동화나라는 사라져 버려. 그럼 우리는 동화나라에서 놀 수 없게 되지. 그러면 좋겠어?"

"아니요! 그러면 아이들이 너무 슬프잖아요. 아빠! 애들아 우리도 집에 가서 동화나라가 더 재미있어지는 꿈을 꾸자!"

민정이가 아쉬워하는 동생들을 달랜다.

화순을
떠나다

아이들 학교가 개학을 했으니 휴가철도 끝났다. 바닷가도 수영장도 많이 한산해졌다. 이제 우리도 화순을 떠나야 할 때다. 휴가철에 여행을 하다가는 환영받지 못하는 경우가 많다. 손님을 받아야 할 주차장에 큰 버스 두 대가 서 있으면 상가 분들이나 관광객에게 불편을 준다. 가끔은 돈을 내야 하는 경우도 있어서 여행 생활자인 우리는 되도록이면 휴가철에는 움직이지 않는다.

우리는 운 좋게 한가롭고 아름다운 화순에서 고마운 인연들과 멋진 시간을 보냈다. 고마운 화순과 작별인사를 나눌 시간이다. 수남이가 혼자 낚시를 하며 고민을 풀어 놓던 낚시터, 무더위를 식혀 주고 고마운 인연을 만나게 해 준 용천수, 아이들 놀이터가 되어 준 바닷가 모래밭과 수영장, 캠핑장 평상 밑에 일곱 마리 새끼를 낳아 기르느라 듬성듬성 털이 빠진 주인 없는 개 여름이에게도 고마운 마음을 전한다.

고마운 인연들과 저녁을 함께 하기로 해서 장을 보러 가는 길에 오래된 정미소를 만났다. 정미소는 문을 닫은 지 오래지만 어디서 날아들었는지 선인장이 시멘트 부스러기에 뿌리를 내리고 살고 있다. 며칠만 비가 오지 않아도 타는 목마름으로 힘겨울 텐데도 살아간다. 그냥 살아가는 것이다.

정미소가 있을 정도면 화순에는 벼농사가 제법 많았겠다. 그 시절에는 앞집 어머니도 뒷집 할아버지도 아이들과 행복하게 살고 있었겠다.

우리는 고기를 삶아 상을 차리고 앞집 어머니는 텃밭에서 키운 채소를 잔뜩 가져오셨다. 뒷집 할아버지와 슈퍼 할머니는 막걸리를 무겁게 내오시고 순대국밥집 할머니는 뿔소라를 무쳐 오셨다. 전문가 형님은 방죽에서 오늘 잡았다며 우렁이회 무침을 가지고 나타났다.

"여기 우렁이는 내가 다 잡아먹지! 섬사람들은 이런 거 안 먹어. 바다에 더 좋은 것들이 흔하니까. 내가 전문가니까 잘 알지."

전문가 형님은 등장부터 요란하다.

"또 올 거지?"

앞집 어머니께서는 막걸리를 따라 주시면서 서운한 얼굴로 묻는다.

"그럼요, 다시 와야지요. 이렇게 좋은 곳을 어떻게 잊겠어요."

기약 없는 이별에 허튼 약속을 해버리고 말았다.

"어르신 목소리가 좋으신데 노래 한곡 하시죠? 풍채도 좋으시고 젊으셨을 때는 처녀들 꽤나 울렸겠는데요?"

"나야 모르지 육십 년 넘게 마누라만 바라보고 살았으니! 마누라가 좋아하던 노래 하나 하지."

어르신의 '동백아가씨'로 시작한 노래판은 희수씨의 '하얀 나비'로,

순대국밥집 할머니의 '섬마을 선생님'으로 이어졌다. 서로가 서로를 위해 노래를 부른다. 어르신들과 진작에 이런 자리를 마련했더라면 더 좋았겠다.

"며칠만 더 있으면 내가 장어도 몇 마리 잡아 주려고 했는데, 몸보신이나 하고 가지. 어디로 갈라고?"

"네! 저희도 그러면 좋겠는데 우도에 공연이 잡혔거든요. 저희가 워낙 느리게 여행을 해서요. 내일은 출발해야 쇠소깍, 강정마을, 남원, 성산일출봉에 들렀다가 공연 날짜 맞춰서 우도에 들어갈 수 있을 것 같아요."

"그래? 그럼 어쩔 수 없지. 장어는 내년에 오면 잡아 줄 테니 꼭 다시 오라고!"

아쉬운 작별인사와 노래로 어둠이 내려 앉았다.

쇠소깍 번지 형님과
안녕

　번지 형님은 아직 그녀에 대한 미련이 남아 있기는 하지만 어느 정도 안정을 찾았다. 오랫동안 소원해졌던 아들과 관계를 회복해 보겠다며 유로번지를 우리에게 맡기고 서울로 갔다. 제주에는 그녀와의 추억이 너무 많아 더 이상 살기는 힘들겠고 아들과 함께 세계여행을 떠날 계획이란다. 우리도 갈 길이 바쁘긴 하지만 아버지가 아들을 찾아간다 하니 도와줄 수밖에 없다. 잘만 되면 아들과의 여행을 계기로 해체되었던 가정도 다시 회복될 수도 있겠다는 기대도 해 본다.

　번지 형님이 자리를 비운 며칠 동안은 쇠소깍이 우리 가족의 직장이다. 희수씨는 소나무 그늘 아래에서 노래를 하고 아이들은 번지를 타면서 손님을 모은다. 수익금의 절반은 우리 가족이 쓰기로 했으니 아이들에게도 용돈을 넉넉히 줄 수 있다.

　용돈도 용돈이지만 아이들은 번지타기를 좋아한다. 체조선수들의 훈련기구로 개발되었다는 유로번지는 고무줄의 반동을 이용해 하늘로 높이 솟아올랐다가 떨어지기를 반복한다. 번지타기에 익숙해진 수남이는 공중에서 앞으로 뒤로 재주를 넘기도 하고 새처럼 날기도 한다. 우리 아이들이 재미있게 번지를 타고 있으면 다른 아이들이 줄을 선다. 쇠소깍에는 가족 단위 관광객과 연인들이 대부분이다. 아내는 우리 가족을 알아보는 사람들에게 책을 팔고 있다. 손님들 번지 태워 주랴, 책에 사인해 주랴 이래저래 바쁜 날이다. 두 살배기 진서부터 엄마까지 일곱 식구가 모두 일을 한다.

아이들은 점심 무렵에 미리 준 용돈으로 사촌 언니와 친구들에게 선물로 줄 기념품을 사 왔다. 수남이는 요즘 육지거북이를 키우겠다며 용돈을 받으면 군것질도 하지 않고 꼬박꼬박 모아둔다. 번지 형님이 이틀 만에 돌아왔다. 떨어져 살아온 세월이 너무 길었는지 집에는 들어가지도 못 하고 서먹하게 밥만 먹고 왔다 한다.

"형! 아빠 없이 자란 아이들의 상처가 쉽게 낫겠어? 여러 번 보고 노력해야지. 여기 이틀 동안 번 돈이야, 잘 모아 두었다가 겨울에 아이들하고 태국이나 베트남으로 여행 가기를 바래. 꼭 그렇게 되기를 바랄게! 그동안 고마웠고, 우리는 강정 마을에 들렀다가 우도로 건너갈 계획이야. 손님 뜸해지면 놀러 와도 좋고!"

스스로 서지 못하고 자꾸 기댈 곳을 찾는 형이 안쓰럽기는 하지만 우리도 떠나야 할 때가 되었다.

강정 마을에
가다

해군기지 건설현장 차단벽에는 '인간의 고통 앞에 중립은 없다.'는 프란시스코 교황님의 아름다운 말씀이 바람에 나부낀다. 고통을 호소하는 사람들과 그들을 위로하고 함께 하려는 사람들을 북한을 추종하는 세력으로 몰아세우는 자들에 대한 교황님의 경고가 힘있게 펄럭인다. 해군기지 출입구 앞에는 평화를 위해 기도하는 사람들의 허름한 천막이 늘어 서 있고 그들의 이야기가 빼곡히 적혀 있다. 평화를 외치다가 잡혀 간 사람들, 벌금형을 받아 재산을 몰수당할 위기에 처한 사람들, 시위 도중 경찰에 떠밀려 벼랑으로 떨어진 사람들, 몇 만 년 동안 수많은 생명을 품어 키우던 아름다운 구럼비 바위가 폭파되어 사라진 이야기들에 마음이 아프다.

아침시간을 좀 서둘러 아이들과 함께 시위현장으로 간다. 해군기지 반대 미사 겸 시위는 해군기지 건설현장에서 일하는 사람들의 출근 시간에 맞춰 시작한다. 신부님은 천막에서 미사를 집전하고 몇 명의 수녀님들과 신자들은 정문에 의자를 놓고 앉아 기도를 드린다.

경찰들은 지휘관의 명령이 떨어지면 수녀님 한 분에 서너 명이 붙어서는 수녀님과 의자를 함께 들어 정문 한쪽으로 옮긴다. 정문이 열리면 바다 밑을 파내서 옮기기 위한 덤프트럭과 출근차량 수십 대가 들어가고 수녀님들과 신자들은 다시 정문 앞에 자리를 잡는다. 그렇게 하기를 여러 번 반복하다 보면 미사가 끝난다.

엉뚱 공주 진아는 의자에 앉아 있는 것이 재미있겠다며 정문 앞에 자리를 잡고 기도하는 시늉을 한다. 엉뚱한 진아를 바라보며 웃고 있는데 해군기지로 출근하는 희수씨 친구가 손을 흔들며 소리친다.

"이따가 저녁에 보자고!"

미사가 끝나면 세상의 평화를 바라는 참회의 절을 올리고 평화의 노래에 맞춰 평화의 춤을 춘다. 춤추는 사람들을 경찰이 밀어내면 밀리는 대로 춤을 추다가 결국에는 경찰들과 뒤엉켜 춤을 추는 판이 된다. 굳은 표정의 경찰들은 시위대를 몰아내려 하고 시위대는 노래를 함께 부르며 흥겹게 춤을 춘다. 수남이, 민정이는 좀 무서워하는 얼굴이지만 진아와 정수는 춤판이 재미있는지 싱글벙글 웃는다. 세상의 평화를 외치는 사람들은 신가할 거라 생각했던 시위를 스스로에 대한 참회와 평화의 다짐으로 흥겨운 춤판을 만들었다. 그들 안에는 사랑과 평화가 있다.

선교사님의 초대로 평화식당에서 대가족이 함께 밥을 먹었다. 선교사님은 잊지 않고 찾아와 줘서 고맙다며 평화텃밭에서 키운 토마토와 귤, 여러 가지 채소를 한 보따리 싸주셨다. 해녀들이 물질을 하다가 숨비소리를 내면 돌고래가 다가와 장난을 치며 놀던 평화의 바다는 사라졌지만 사람들 마음에는 평화가 고스란히 남아 있다. 강정에는 평화텃밭, 평화식당, 평화책방과 평화카페가 있다. 강정마을은 해군기지만 빼면 모든 것들이 평화로 시작한다. 강정은 언젠가는 사라진 구럼비 바위가 자라나고 세계의 평화가 시작되는 강정평화마을로 세상에 알려질 것이다.

강정천! 아름답다. 긴 말로 설명할 수 없는 아름다움이다. 지금은 해군기지에 점령당해 볼 수 없지만 강정천이 바다와 만나는 곳은 얼마나 아름다웠을까? 강정천에서 태어나 바다로 여행을 떠나는 물고기도 있었을 테고 바다를 누비다가 고향으로 돌아오는 친구들이며 풍부한 먹잇감을 찾아오는 녀석들로 북적였을 생명의 바다가 독점 당했다. 수중폭파 소음과 시멘트 독으로 오염된 바다에는 아무도 찾아오지 않는다. 아름다움은 누군가가 독점해서는 안 된다. 아름다움은 나누면 나눌수록 커진다는 것을 점령자들은 모르는 걸까? 안타깝고 안타까운 일이다. 평화를 지키기 위해 치열하게 싸우는 강정마을에서는 미안해서 놀지 못하겠다.

"애들아! 여기서 물놀이 하고 싶지?"

"네!"

아이들 대답이 요란하다.

"그러면 미래의 강정평화마을을 불러오자!"

"어떻게 하면 되는데요?"

"아름다운 상상을 하면 되지. 우선 군인들이 무기를 가지고 철수하는 상상을 해. 그러고 나면 돌고래가 강정 앞 바다에서 뛰어 놀고 바다 생명들이 강정으로 돌아오는 거지. 사라진 구럼비 바위도 막 자라나는 거야. 그리고 평화마을을 만들어 낸 사람들을 만나기 위해 세계 곳곳에서 사람들이 몰려드는 거야! 우리가 간절히 원하면 미래의 평화마을이 지금으로 오는 거야. 어때, 할 수 있겠어?"

"아빠! 마법사 같아요."

똑똑이 정수가 웃는다. 미래의 평화마을에서 하는 물놀이는 재미도 있고, 뭇 생명에 대한 사랑과 평화를 바라는 마음이 함께한다.

아침에 해군기지 정문에서 만난 희수씨 친구가 저녁식사 초대를 했다. 해군기지에서 일하는 사람들이 밥을 대놓고 먹는 식당으로 간다. 상차림이 푸짐하고 맛이 좋다. 여행을 하면서 알게 된 사실인데 몸으로 일하는 사람들이 드나드는 식당은 음식 맛이 좋고 인심도 넉넉하다.

"친구! 강정에 오래오래 있으라고, 내가 저녁은 매일 사 줄 테니까."

호탕하게 웃는 친구의 모습이 고맙긴 한데 마음 한 견이 아리다.

"고마워! 하지만 우도에 공연이 잡혀 있어서 내일은 떠나야 돼."

한 이틀 정도는 여유가 있지만 떠나야겠다.

몸에 균형을 잃으면 병이 나고 마음의 균형을 잃으면 내 안의 평화가 깨진다. 강정 바닷가 귀퉁이에서 아이들과 놀다가 평화를 세워 놓았다. '강정 바다야, 우리 마음을 알아주려무나!'

따뜻한 남원,
문어 아저씨와 물고기 의사

　제주 안에서는 한 시간이면 어디든 갈 수 있지만 느린 바람 여행자는 멀리 움직이지 않는다. 성산으로 가는 길에 남원이라는 이정표를 보고 집을 세웠다. 지명이 같아서인지 전라도에 있는 남원과 읍내 분위기가 흡사하다. 살기 좋은 동네겠다.

　남원에도 바닷가에 민물수영장이 있다. 천 원만 내면 하루 종일 놀고 샤워장도 쓸 수 있다. 여름내 수영을 했지만 아이들은 수영장을 보자마자 수영복을 입는다. 수영장을 관리하는 분은 내일이면 문을 닫는다며 돈을 받지 않으시고 평상도 내어 주신다. 내일은 오전까지만 문을 열고 오후에는 청소를 하니 내일은 일찍 와서 놀라고 하신다. 수영장에는 아담한 미끄럼틀이 여러 개 있어서 꼬맹이들이 놀기에 좋다. 남원에 도착하자마자 고마운 분을 만났다.

　아이들을 수영장에 풀어 놓고 읍내 구경도 할 생각으로 장을 보러 나왔다. 청과물 가게에서 약간 시든 과일을 헐값에 사고 그릇 가게에서는 뚝배기도 하나 샀다. 모두들 여유롭고 친절하다. 빵집을 돌아 나오는데 구수한 냄새가 난다. 냄새를 따라 가보니 허름한 중화요리집이 보인다. 간판은 중화요리집이지만 특별 메뉴로 해물 김칫국과 문어 짬뽕이 있다. 맛있는 집이겠다. 내일 점심은 여기에서 먹어야겠다. 장본 것들을 풀고 저녁준비를 하는데 노란 어린이집 차가 멈춰 선다.

　"길수씨! 남원까지 오셨어요?"

초로의 사내가 반갑게 인사를 한다.

'누구더라?' 생각을 더듬어도 누군지 모르겠지만 친근한 얼굴이다. "길수씨는 저를 몰라도 저는 잘 알아요. 저기 방파제에 문어가 많이 나와요. 이따가 문어 낚시나 같이 하죠?"

"네, 반갑습니다. 좀 이따 뵙죠."

"안녕, 수남아! 아들이 이렇게나 컸어요?"

S보드를 타고 있던 수남이에게 반갑게 인사한다.

"누구세요?"

"응. 나는 문어 아저씨야! 같이 문어 잡으러 갈까? 수남이 낚싯대도 가져왔는데."

낚시를 좋아하는 수남이가 마다할 리 없다. 치음 보는 아저씨를 잘도 따라 나선다. 문어 아저씨는 우리 가족이 출연한 인간극장을 수도 없이 돌려 봤다고 한다.

"수남아! 문어는 말이야. 낮에는 주로 조금 깊은 바다나 바위틈에 숨어 있다가 물이 들어오고 어둠이 내리면 먹이활동을 해. 그러니까 지금이 문어 잡기에 딱 좋은 날이야!"

문어 아저씨는 가짜미끼를 묶는 법에서부터 낚시를 던지고 천천히 감았다 놓았다 하며 문어를 유인하는 방법까지 친아들처럼 자상하게 가르쳐 주신다.

"내가 문어를 워낙 많이 잡아서 사람들은 나를 보면 다들 문어 아저씨라고 불러."

수남이는 문어 아저씨가 가르쳐 준 대로 잘 따라 한다. 가로등에 불이 들어오고 얼마 지나지 않아 수남이가 문어를 낚아 올렸다. 낚시를 몇 번 던지더니 또 한 마리 잡았다.

"아빠! 초장이랑 냄비 가져와요. 지금 먹게요."

문어낚시에 재미가 들린 수남이가 아빠한테 심부름을 시킨다. 문어 삶을 채비를 가져오니 잡힌 문어는 세 마리로 늘었다.

"수남아! 이거 먹지 말고 팔까? 이만 원은 받겠는데."

"그냥 먹게요. 또 잡으면 되지요."

문어 아저씨는 아직 소식이 없다. 큰 문어가 잡힌 것 같다며 끌어올리고 보면 미역줄거리다.

"안녕하세요? 애들 과자하고 막걸리 좀 사왔어요."

문어를 삶고 있는데 누가 인사를 한다.

"제 아들이 잡은 문언데 같이 드시죠!"

"저는 여기서 물고기 의사로 일하는 사람인데 낮에 지나가다가 버스를 봤거든요. 같이 이야기나 할까 해서 찾아왔어요."

"잘 오셨어요. 뭔가 모자란다 싶었는데 막걸리를 사 오셨네요. 고맙습니다."

인사를 나누는 사이에 문어 아저씨도 커다란 문어를 잡았다. 미역 아저씨가 될 뻔 했는데 겨우 체면을 살렸다.

"그런데 물고기 의사도 있어요?"

"네에. 양식장을 돌면서 물고기 상태를 진찰하고 약을 처방하는 일을 하죠. 아무래도 많은 물고기를 가둬 키우다 보면 병이 생기기 일쑤거든요."

"아하, 그렇군요. 우리 아이들은 풀어놓고 키워서 건강한 거군요?"

물고기 의사가 웃는다.

"이렇게 여행하다 보면 애들 교육은 어떻게 시키세요?"

"지금도 공부하고 있잖아요. 문어 잡는 것도 공부고 물고기 의사선생님을 만난 것도 공부죠. 교과서 공부는 여행 중에 틈틈이 시키고요."
"여행하려면 돈이 많이 들잖아요."

자주 듣는 질문이다.

"한 곳에 머물러 있는 것 보다는 적게 들어요. 우리는 돈이 있으면 쓰고 없으면 안 쓰면서 여행해요. 오늘 이렇게 문어잔치가 벌어졌지만 부탄가스 값밖에 안 들었잖아요."

이야기를 나누는 사이에 수남이와 문어 아저씨가 또 문어를 잡았다. 다들 배불리 먹고도 문어가 남아돈다. 옷을 잘 차려 입은 여자관광객 둘이 문어잔치를 구경한다.

"이리 오세요. 우리 아들이 금방 잡은 문어예요. 충분히 많으니까 와서 드세요."

남원 방파제에서는 문어잔치가 점점 커지고 먼 바다에는 갈치잡이 배가 불야성을 이루었다. 재미있는 밤을 보낸 사람들은 책을 사 주고 아이들 용돈까지 챙겨 주셨다. 수남이와 문어 아저씨 덕에 내일 살림이 넉넉해졌다. 이제 내일이면 우도로 간다. 제주 본섬에서의 마지막 밤이 즐겁다.

3부 · 섬 소나이

우도에 태어난 사내는 섬을 떠나지 못한다.
세상 구경을 나갔다가도 돌아올 수밖에 없다.
바람에 그을린 피부에는 강인함이 배어 있다.
움푹 들어간 눈에는 너그러움이 가득하다.
사람들은 그들을 섬 소나이라 부른다.
온 우주가 다 들어 있는 우도라는 씨앗 속에는
섬 소나이가 산다.

우도에
들다

　버스 짐을 성산에서 우도로 가는 카페리에 싣기 편한 물때를 맞추기 위해 여유를 부린다. 아이들은 어제 받은 용돈으로 말을 타고, 어른들은 시원한 원두커피와 레몬에이드로 더위를 식힌다.

　오후가 되어서야 도착한 성산항에는 우도에서 나오는 사람들로 북적인다. 성산항에 도착한 카페리에서는 수많은 사람들이 쏟아져 나온다. 우도에 빨리 들어갈 마음으로 아침에 왔으면 번잡스러워 고생했겠다.

　섬을 돌아보기에는 좀 늦은 시간이어서 항구 주차장에 자리를 잡았다. 관광객만을 상대로 하는 가게들은 벌써 문을 닫고 있다.

　제주 본섬에서 십 분이면 닿는 우도지만 물빛이 다르고 하늘빛도 다르다. 해질녘의 우도 하늘은 시시각각 다른 빛을 낸다. 저리도 아름다운 빛을 누가 만들어 낼 수 있을까? 다채롭게 변하는 하늘빛을 바라보고 있는 이 시간이 축복이고 행복이다. 이 아름다움을 보지 못하고 떠난 사람들을 불러들여 행복한 시간을 함께 나누고 싶어졌다.

　우도는 걸어서 네 시간이면 한 바퀴 돌 수 있는 작은 섬이지만 신비롭고 아름다운 풍경과 순간을 느끼려면 몇 년이 걸려도 모자라겠다.

작은도서관 개관식,
우도에서는 모두가 이웃

　우도에 작은 도서관이 문을 연다. 아이들에게나 섬사람들에게 좋은 일이다. 개관식을 준비해 온 분들은 축하공연으로 우리를 초대했다. 건물 이층에는 도서관과 전시실이 있고, 아래층은 영화 상영과 공연을 할 수 있는 강당이다. 제주를 여행하면서 여러 번 보았지만 마을회관이나 주민을 위한 복지시설의 규모가 크다.

　섬사람들은 개관시에 참석하는 사람들을 위해 마당극을 준비했다. 강당에 둘러앉은 사람들은 어린아이에서 노인까지 다들 소리내어 웃으며 좋아한다. 도서관 운영위원들은 많은 책들을 분류해서 진열하고 마당극까지 준비하느라 고생했겠다.

　가면을 쓰고 노래를 하면 누구인지 알아맞히는 게임을 한다. 출연자가 나오면 아이들은 곧바로 소곤거린다.

"승효네 엄마야!"

"혁주네 할아버지야!"

상품이 있는 게임이지만 먼저 손을 드는 사람이 이기는 참 쉬운 게임이다. 분위기를 보아하니 우도 사람들은 어린애에서 노인까지 서로를 다 알고 있다. 이런 관계라면 누구네 집에 무슨 일이 있는지 하루가 지나지 않아 서로 다 알겠다. 섬사람들이 모두 일가친척으로 느껴진다.

개관식과 공연이 모두 끝나고 뒤풀이를 하는데 아이들이 보이지 않는다. 이 밤에 섬을 빠져 나갔을 리는 없고 섬사람들도 우리 가족이 우도에 들어 왔다는 것을 다 알고 있을 테니 걱정할 일은 아니지만 아이들을 찾아 밖으로 나간다.

수남이, 민정이, 정수는 벌써 또래 아이들을 만나 친구가 되어 있다. 우리 아이들은 새로운 친구를 사귀는 데 머뭇거림이 없다. 이름과 나이를 물어보고는 바로 친구가 된다. 나이 차이도 별로 중요하지 않다. 위아래로 두세 살 차이는 그냥 친구다. 여행이 키워 준 고마운 능력이다.

도서관 운영위원 중 한 분인 혜민이 아빠는 버스 집을 세울 만한 장소를 물색하는 며칠 동안 쓰라며 자신이 관리하는 펜션을 내주셨다. 어른들도, 아이들도 섬사람들에게 신고식을 잘 치렀다.

식구가
늘었다

수남이는 곤충 파충류 박람회에 다녀온 후로 거북이에 대한 공부에 빠져 산다. 인터넷으로 검색하고 도서관에서 책을 빌려다가 읽고 하면서 스스로 공부를 한다. 스스로 하는 공부습관이 몸에 배었으면 좋겠다. 육지거북이에 대한 공부를 많이 했으니 이제는 직접 키우면서 관찰하고 싶다며 그동안 모아둔 돈을 내민다. 육지거북이 두 마리를 사기에는 좀 모자라는 돈이다. 용돈을 받으면 그날그날 다 써버리던 수남이가 하고 싶은 일을 위해 돈을 모을 줄도 알다니 기특하다.

"아빠도 삼만 원 낼 테니까 동생들에게 얘기해 봐! 아마도 정수가 돈을 제일 많이 가지고 있을 걸?"

정수는 용돈을 받으면 쓰지 않고 모아 두었다가 크게 쓴다. 정수 보물 상자에는 돈도 많지만 예쁜 조개껍데기, 부드러운 조약돌, 바닷물에 씻겨 부드럽게 빛을 내는 유리조각, 선물 받은 팔찌, 친구들에게 줄 기념품까지 별의별 것들이 다 들어 있다. 수남이는 동생들에게 거북이를 같이 키울 수 있게 해 주겠다며 꼬드겨서 정수한테는 삼만 원을, 민정이에게서는 만 원을 받아냈다.

육지거북이가 섬으로 와서 한 식구가 되었다. 이제부터는 거북이 한 쌍과 거북이처럼 여행을 해야 할 판이다. 육지거북이는 유라시아 전역에 살고 부드러운 풀을 좋아한다. 추위에도 강해서 영하 사십도에서도 생존이 가능하고, 여름에는 땅을 파고 들어가 더위를 식힌다.

성장조건에 따라 좀 다르지만 수
박만큼 크게 자랄 수 있다. 느린
바람 여행자 가족에게 잘 어울리
는 반려동물이다. 아빠는 새 식
구들을 위해 철망을 엮어 이동식
집을 만들어 주었다. 풀밭에 풀
어 놓고 풀을 다 먹으면 집을 조금
옮기기만 하면 새로운 먹이가 생기니 일부러 먹이를 챙겨 줄 필요도 없
다. 육지거북이들이 섬에 들어와 여행을 시작했다.

섬 소나이를
선생으로 모시다

우도에서 태어나고 자란 섬 소나이 친구가 어머니 팔순잔치에 우리를 초대했다. 노래도 불러 주고 재롱도 부리면서 홀어머니를 즐겁게 해 달라는 부탁이다. 부탁을 들어주면 공연료 대신에 자기가 알고 있는 우도에서의 삶을 다 가르쳐 주겠다고 한다. 아주 멋진 제안이다. 우리 가족에게 훌륭한 선생님이 생기다니 이보다 좋을 수는 없다.

하루 일과를 마친 섬사람들이 아름다운 가게에 모여들었다. 이른 저녁에 시작하는 잔치다. 요즘 우도는 쪽파 심는 일과 땅콩을 수확하는 일, 바다 밭에 잡초를 뽑고 소라를 수확하는 일로 바쁘다. 하지만 바다 농사는 물때를 맞춰 몇 시간만 일을 하고 밭농사는 아침 일찍 시작해서 이른 오후에 일을 끝낸다. 무슨 일이든 때를 맞춰 가며 일하는 우도 사람들은 언제나 여유롭다.

몸과 마음이 여유로운 사람들과 함께하는 잔치는 재미있다. 아이들은 아름다운 가게에 차려진 놀이방에서 우글우글 신이 났고 어른들은 여유롭게 술잔을 돌리고 노래를 부르며 흥겹다. 노래를 몇 곡 부르더니 희수씨가 장난을 건다.

"하르방이 어멍 술 한 잔 드려야지?"

"어! 그래야지, 어머니 생신 축하드려요. 저 성운이 친군데 아들로 삼아주실래요? 아니면 어머니 친구할까요?"

"아니, 이런 노인네를 어떻게 아들 삼겠나? 친구나 해야지!"

우도 식구들이 왁자하게 웃는다. 어머니는 농담도 잘 받아 주시고 몸도 마음도 건강하다. 섬 사람들은 팔순잔치에 초대받은 놀이꾼들을 친근하게 대해 준다. 이머니께서 다니시는 우도성당 선교사님께서는 바람이 심한 날에는 성당 주차장에 집을 옮기고 살아도 좋다고 하신다. 선생도 생기고, 친구(?)도 생기고, 고마운 초대도 받았으니 오늘도 좋은 날이다.

비양도

　오늘부터는 선생이면서 친구인 섬 소나이와 함께하는 여행이다. 새벽에 일어나면 느릿느릿 정신을 차리고, 쌀을 씻어 물에 불리고 몇 가지 채소를 다듬어 아내가 요리를 쉽게 할 수 있도록 준비해 둔다. 아내를 깨우고 나서는 자전거를 타고 바다를 향해 달린다. 바닷가 정자에 앉아 해가 뜨기를 기다리는 시간은 고요한 파도가 고요한 바람을 만나 평화롭다. 우도에 들어와 매일 반복되는 일상이지만 하루하루가 다 다르고 신비롭다.

　신비로운 일출과 평화를 즐기고 있는데 편 선생이 자동차를 타고 시속 20㎞ 속도로 다가온다. 편 선생은 서두르는 법이 없이 늘 느긋하다. 이렇게 느리게 다녀도 우도에서는 십 분이면 어디든 갈 수 있으니 굳이 가속페달을 밟을 필요가 없다. 편 선생은 자동차를 운전하면서 말을 타는 기분으로 우도를 음미하고 느린 걸음으로 우도의 오늘을 살아간다.

"일출이 멋지지? 작은 구름이 먼 바다로 낮게 떠가는 걸 보니 오늘은 무지하게 덥겠네!"

우도에서 태어나고 자란 사내는 일기예보를 보지 않아도 정확하게 그날 날씨를 맞춘다.

"저기에는 항구도 없는데 왜 등대가 서 있지?"

"등대가 있는 섬은 비양도야! 제주 서쪽에 비양도가 있지? 저 섬은 동비양도야. 옛날 사람들은 제주도를 학이라 보고 동쪽과 서쪽에 있는 섬을 학의 날개라고 생각했지. 언젠가는 날아올라 육지로 가고 싶었나 봐. 지금은 섬을 연결해서 언제든 비양도에 드나들 수 있지만 내가 어렸을 적에는 썰물 때에만 들어갈 수 있었어. 비양도 근처는 수심이 얕고 물살이 세서 사고가 많이 나는 곳이야. 사람들은 보통 등대를 항구에 세워서 배를 인도하는 역할을 한다고 생각하지만 작은 섬이나 코지에는 여기로 오면 안 된다는 경고로 등대를 세우지. 섬이 연결되고 나서는 물길이 바뀌어서 비양도로 들어가는 길 오른쪽에 작은 모래톱이 생겼어. 그래도 거기에서 수영하면 안 돼. 밀물 때는 소용돌이가 쳐서 위험하거든. 수영을 잘 하는 사람들도 빠져나오지 못하고 바다로 쓸려간 경우가 몇 번 있었으니까 아이들 조심시키라고."

해는 떠오르고 물은 빠지고 있다. 편 선생은 톳이 잘 자랄 수 있도록 바다 밭에 검질(잡초) 메기를 하러 간다며 늙은 말을 타고 느리게 멀어져 간다.

검멀레 버스킹

　우도봉 아래에는 파도에 깎여 만들어진 커다란 동굴이 있고 깎인 살결들은 한쪽에 모여 검은 모래밭을 이루었다. 우도 사람들은 이곳을 '검멀레'라 부른다. 경안동굴에 시간을 맞추어 배를 타고 들어가면 바닷물에 반사되어 동굴천정에 떠오르는 달을 볼 수 있고, 검은 모래가 신기하고, 우도봉 해안절벽이 아름다워서 관광객들이 쉼 없이 오고 간다. '검멀레'는 무대배경도 아름답고 상가와도 멀찍이 있어서 거리공연을 하기에 알맞은 장소다.

　대부분의 관광객들은 노래 한 두 곡이 끝나면 발길을 돌려 셔틀버스로 향하는데 세련되게 차려입은 아가씨 하나가 느긋하게 우리들 공연을 보고 있다. 장난기가 발동한 희수씨는 중국 사람이라고 속삭이더니 음만 알고 있는 중국 노래를 말도 안 되는 중국말로 잘도 부른다. 아가씨도 재미있는지 웃으며 다가오더니 자기가 노래를 해 주겠다 한다. 갑자기 삼인조 그룹이 되었다. 목소리가 참 좋다. 역시 중국 노래는 중국 아가씨가 불러야 제맛이 난다.

　중국 아가씨는 영어가 유창하다. 자기 이름은 '멍나'이고 관광상품

개발과 공연기획을 하는 회사에 다니는데 출장으로 제주에 왔단다. 밍나는 자기가 하는 일에 필요하겠다며 책과 음반을 한 종류씩 다 사고는 연락 할 수 있는 이메일과 전화번호를 달라 한다. 기회가 되면 공연팀으로 중국에 초대하고 싶다고 한다. 내년에는 중국대륙을 떠돌며 음악 공연이나 하면서 살아볼까? 그냥 지나가는 말일지도 모르지만 느긋하게 공연을 감상해 준 중국 아가씨가 고맙다.

인생을 살다 보면 만나야 할 사람은 어디서든 꼭 만나게 된다는데 이 아가씨가 그런 인연들 중에 하나이지 않을까 하는 생각도 들고, 우연한 인연이 어떻게 펼쳐질지는 모르지만 어찌되었든 고마운 인연이다.

두어 시간 공연을 하고 배가 출출해질 무렵 편 선생이 나타났다. 편 선생은 어느 날부터 우리가 거리공연을 하고 있으면 막걸리 세 병과 먹을 것을 챙겨온다. 거리공연의 특성상 같은 노래를 여러 번 들으면서도 늘 환하게 웃으며 박수를 쳐준다. 편 선생은 모든 행동과 준비가 넘치지도 부족하지도 않다.

"남자 셋이서 먹는데 막걸리 세 병이 뭔가? 대여섯 병은 있어야지!"
편 선생에게 마음에도 없는 핀잔을 준다.

"그나저나 박자 놓치기로 유명한 김 선생이 이 정도면 됐지 뭘 더 바라나? 가수가 김 선생 박자에 맞춰가며 노래한다는 게 말이 되냐고, 내일부터 풍물강습이 시작되는데 장구나 배워 보는 게 어때?"

고마운 마음에 농담 삼아 핀잔을 줬다가 된통 걸렸다. 내일부터는 어쩔 수 없이 풍물강습에 나가야 할 판이다.

"내가 뭐 박자를 몰라서 놓치는 줄 알아? 노래의 영감이 이끄는 대로 치니까 그렇게 되는 거지! 나야 뭐 만능 예술인이니까 풍물가락도 배우면 좋겠구먼!"

우도 주민되기

태풍이 올라온다는 소식에 도서관과 학교가 가까운 우도성당 주차장으로 집을 옮겼다. 이사를 하자마자 수남이 친구가 놀러왔다.

"남수형아 있어요?"

"수남이는 동생들이랑 도서관에 갔는데 네 이름은 뭐니?"

"고현서요."

"그렇구나! 서현아! 수남이랑 놀고 싶으면 도서관으로 가봐!"

말이 끝나기가 무섭게 자전거를 타고 도서관으로 달려간다. 일부러 이름을 거꾸로 부르는 것 같지는 않은데 좀 독특한 녀석이다. 도서관에서 놀던 아이들이 떼를 지어 집으로 몰려왔다.

"아빠! 저 우도초등학교에 다닐래요."

민정이와 정수, 아무것도 모르는 진아까지 학교에 다니고 싶다며 아우성이다.

"수남, 민정, 정수는 월요일부터 다니면 되는데 진아는 학교가 뭐하는 곳인지 알아?"

"음, 선생미하고 놀고, 또 친구들하고도 놀고, 간식 먹고 그러는 데잖아요."

"그래, 알았다. 너도 다녀봐라!"

아이들의 갑작스런 요구에 한가롭던 오후시간이 바빠졌다. 월요일부터 아이들을 학교에 보내려면 학교와 면사무소가 문을 닫기 전에 서류를 떼서 준비를 해야 한다. 태풍을 피해 이사를 왔는데 아이들 학업을 위해 이사를 온 꼴이 되었다. 아이들을 학교에 보내는 문제는 생각보다 쉽게 끝났다. 면사무소에 가서 주소 이전을 하고 서류 한 장을 받아 학교에 제출하면 나머지는 학교에서 다 처리해 준다. 아이들은 벌써부터 자기네들이 다닐 학교에서 친구들과 신나게 놀고 있다.

해가 지는 줄도 모르고 노는 아이들을 불러 저녁밥을 먹으러 가는 길이 즐겁다. 수남이는 좀 더 놀다가 자전거를 타고 식당으로 가겠다며 먼저 가라 한다. 우도에서는 이런저런 초대가 많아 아침밥만 준비하면 되어서 주화씨도 많이 한가로워졌다. 월요일부터는 아이들을 학교에 보내고 나면 더 여유로운 시간을 보내겠다. 주소 이전도 했고 이웃, 친구들도 생겼으니 슬슬 우도 주민으로 살아 볼까?

오늘은 풍물강습 가을학기가 시작되는 날이다. 풍물패 회원들은 나그네인 우리를 편안하게 받아 준다. 풍물강습이라고는 하지만 초보자는 우리뿐이고 회원들은 배운 장단을 더 잘할 수 있도록 연습을 하는 시간이다.

우도 풍물패는 몇 년째 제주에서 열리는 대회에 나가 상을 받았다고 한다. 이십 년 가까이 육지에서 연극과 사물놀이로 문화판에서 생활하신 분을 스승으로 모시고 있으니 당연한 결과겠다. 스승님은 이십 년 가까이 학업과 노동운동, 문화사업으로 육지를 떠돌다가 고향으로 돌아온 섬 소나이 우도 씨다.

풍물가락으로 밤이 깊어 가는데 수남이는 집으로 돌아올 줄을 모르고, 정수는 징을 울리며 풍물가락에 빠졌다.

우도에
집이 생기다

볼 것, 배울 것, 즐길 것들이 많은 우도에서의 생활이 만족스러웠던 지 희수씨네 가족이 내년 봄까지 우도에서 살아 보자는 제안을 한다. 우도를 제대로 여행하려면 사계절은 살아 봐야 한다는 생각에 우리 가족도 흔쾌히 동의했다. 성당 옆에서의 생활은 과분하게 여유롭다. 성당 앞을 지나는 동네 분들은 밑반찬이나 아이들 간식거리를 때때로 가져다 주신다. 어느 때는 누가 가져다 놓았는지도 모를 과일이 버스 안에 놓여 있다.

우도 사람들이 드나드는 오로라식당 아주머니는 그날 팔고 남은 반찬들을 공짜로 나눠 주신다. 오로라식당 아주머니는 새벽 네 시부터 그날 팔 음식을 준비한다. 남은 음식은 다음날 밥상에 내놓지 않는다. 고마운 마음에 '저희가 뭐 도울 일이 있을까요?' 물었더니 아주머니는 일주일에 두어 번 항구에 가서 식재료를 찾아와 달라는 부탁을 하셨다. 동네 사람들이 드나드는 식당이니 동네 사정을 잘 알 것 같아서 식재료를 찾아다 드리며 어디 빈 집이 없나 물어본다. 마침 아들 내외가 들어와 살기로 해서 빌려 놓았던 집이 비어 있다며 좋아라 하신다. 내년 여름까지 살 수 있다니 우리 가족에게 딱 맞는 집이다. 바람이 거세게 부는 겨울을 나려면 집이 필요하다.

우리 가족에게 바닷가에 있는 작은 오두막이 생겼다. 몇 년간 집을 비워 놓았다지만 도배와 장판을 새로 해서 깨끗하다.

누가 가꾸지 않았는데도 텃밭에는 돼지감자와 부추가 잘 자라고 있다. 잡초가 무성하던 밭 한쪽에는 브로콜리와 상추, 배추, 쪽파를 심었다. 우도의 겨울은 바람이 많이 불어 춥게 느껴질 뿐 기온이 영하로 내려가는 법이 없어 겨울에도 싱싱한 채소를 먹을 수 있다. 바닷가 오두막 근처에는 하고수동 해수욕장이 있어서 겨울에도 해수욕을 즐길 수 있겠다.

인연을
기다리다

매일 아침, 같은 시간 같은 장소에서 해가 떠오르는 순간을 마주한다. 하루의 시작을 일출과 함께할 수 있다는 것만으로도 우도에서의 생활은 감동 자체이다.

그리움은 수평선 너머에 모여 산다. 머나먼 남쪽 바다에서 편지가 밀려 왔다. 추석을 한국에서 보낼 거라는 그리운 친구의 편지다. 바람으로 떠돌며 살아가는 나는 그를 만나지 못할 거라는 답장을 보내지 못했다.

인연이 인연을 만나기 위해서는 바람이 잠시 바닷가 빈 의자에 머물다 가는 시간을 함께해야 한다는 것을 바람은 알고 있다. 빈 의자에는 아직 바람이 내려앉지 않았고, 오늘도 나는 빈 의자 곁에서 만나야 할 인연을 기다린다.

우도봉에 오르다.
그리고 '우도스탁'

편 선생과 함께 해발 132m 우도봉에 올랐다. 경사가 완만해서 아이들과 산책하기에 좋은 곳이다. 우도는 소가 누워 있는 모습이고 우도봉은 소의 머리다. 그래서 '우도봉'에 붙여진 이름이 쇠머리 오름이다.

신기하게도 우도봉 동쪽과 서쪽, 북쪽에는 큰 나무가 자라고, 태풍이 넘어 들어오는 남쪽 사면에는 키 작은 나무가 자라는데 분화구였던 쇠머리 오름 안쪽에는 나무가 없고 키 작은 풀만 무성하다. 작년까지만 해도 누렁소를 많이 방목했다는데 지금은 몇 마리밖에 없다. 평화롭게 풀을 뜯는 소와 말들의 모습이 보기 좋다.

하늬바람이 검멀레 해변에서부터 억새를 피워 올리기 시작했다. 어느덧 가을이다. 바다를 향해 있는 우도봉 벼랑에는 키 작은 억새가 무성할 뿐 바람이 거세 나무가 자라지 못한다. 바람과 파도가 우도봉을 깎아 모래를 만들 정도이니 억새가 자라는 것만으로도 신기한 일이다. 우도봉 안쪽으로 해서 톨카니 해변까지는 분화구 주변을 따라 키가 큰 억새가 자란다.

"경치가 참 좋지?"

무슨 이야깃거리가 있는지 편 선생이 운을 뗀다.

"꼭대기에 올라왔으니 쉬어갈 겸 아이들에게 옛날이야기나 하나 들려 주시지!"

"그럴까?"

섬 소나이가 웃는다.

"여기는 우도에 하나밖에 없는 산이고 사람들이 잘 오지 않는 곳이야. 가을에 지붕에 올릴 억새를 베거나 소와 말을 풀어놓기 위해 가끔 사람들이 드나들었지. 그마저도 지붕이 슬레이트로 바뀌고 짐승 사육이 줄고부터는 더 조용한 곳이 되었어. 지금이야 관광객이 북적이지만 내가 어렸을 때는 조용했지. 저기에는 공동묘지도 있어서 여자들은 얼씬도 안 했어. 몇 년 전에 우도 청년회에서 동네 어르신들께 우도 관광을 시켜 드렸는데 팔순을 넘긴 할머니가 우도봉에 처음 와봤다는 거야. 어르신들 중에는 평생 자기 동네를 벗어나지 않고 사신 분들이 많아. 그분들에게는 바다와 밭, 집이 세상의 전부였던 거야. 사춘기에는 우도봉이 나를 키워줬지. 중학교 삼학년 시절에는 여기에 와서 살다시피 했어. 학교가 끝나면 저기 분화구 풀밭에 들어가 책을 읽고 음악을 듣곤 했지. 분화구 안에서 나는 많은 상상을 했어. 여기에서 우도를 내려다보면서 씨앗을 상상하는 거야. 그리고 분화구는 씨눈이 되는 거고, 나는 그 씨눈에서 다시 태어나는 거지. 우도는 큰 씨앗이고 여기서는 뭐든지 다 태어나. 제주 본섬도 여기에서 태어나고 점점 커지면 한반도, 아시아, 전 세계가 우도 씨에서 태어나는 거야. 우주까지도 말이지. 나는 그 중에 일부인 거고. 그래서 세상은 여기에 그리고 내 안에 있는 거야. 나는 형제도 아버지도 없이 혼자 자랐지만 내게는 사랑하는 어머니가 있고 세상의 씨앗인 우도가 있어서 외롭지 않았어. 그때 결심했지. 우도를 떠나지 않겠다고 말이야."

"삼촌은 이렇게 좋은 곳에서 혼자만 놀았어요?"

이야기에 관심이 없는 척 딴전을 피우던 수남이가 삼촌 사춘기 이야기가 귀에 들어왔는지 한소리 한다.

"가끔이었지만 친구들을 내 비밀 아지트에 초대해서 놀기도 했지. 여기에는 산토끼가 많이 살았어. '우도봉'에서 검멀레 쪽으로 뻗은 경사면에 굴을 파고 사는 토끼를 분화구 쪽으로 몰아서 잡기도 했어. 하지만 친구들은 여기보다는 바다에서 노는 것을 더 좋아하더라고."

"네, 저도 삼촌처럼 혼자 있는 비밀 아지트가 있으면 좋겠어요. 친구들하고 노는 것도 좋지만 요즘은 혼자 있고 싶을 때가 많아요."

"그래? 그럼 지금부터 여기는 네가 가져라!"

너무 빨리 찾아온 사춘기에 어쩔 줄 몰라 하는 수남이에게 자기만의 공간이 생겼다. 아빠가 곁에서 지켜 줄 테니 수남이도 삼촌처럼 아름다운 사춘기를 보내거라!

"긴 선생! 우도봉 이야기는 이만하면 됐지?"

우도봉에서 내려오는 길에 뭔가 할 이야기가 남았는지 핀 신생이 말을 건넨다.

"응, 등대박물관은 꼬맹이들에게 좋았고 핀 선생 사춘기와 분화구 이야기는 우리 수남이에게 정말 좋았어! 근데 수남이가 사춘기라는 거는 어떻게 알았지?"

"김 선생은 아직 우도를 잘 모르네! 수남이에게 여자 친구 생긴 거 몰라? 아이들에게 관심 있는 우도 사람들은 다 아는데 말이야. 육지에서 전학 온 잘생긴 소년이 섬 소녀를 사귄다고 소문이 자자해!"

아이들에 대한 관심이 이 정도면 우도에서는 자연스레 공동육아가 가능하겠다.

"그래? 역시 내 아들이군! 좋은 일이야."

"김 선생, 그건 그렇고 몇 년 전부터 생각하고 있는 꿈이 하나 있는데 들어볼래?"

"좋지! 꿈이라는 것은 같이 하면 이루어지는 거잖아!"

"여기 '우도봉'에서 록 페스티벌을 여는 거야! 여름 휴가철에 한 일주일 정도 '우도스탁'을 즐기는 거지. 내가 아는 밴드도 있고 희수씨도 있으니까 지금부터 준비하면 내년 여름에는 가능하지 않을까?"

"그거 정말 좋은 생각인데! '우도스탁' 록 페스티벌 이름도 확 와 닿고, 공간도 좋고."

꿈꾸는 소년의 맞장구에 편 선생이 신이 났다.

"그렇지? 쇠머리 오름에 중앙무대를 설치하고 해수욕장 두 군데에 작은 무대를 놓는 거야. 진짜 음악하는 밴드를 불러다가 매일 공연을 하는 거지. 낮에는 하루 코스로 우도에 들어오는 사람들을 대상으로 공연을 하고, 밤에는 우도에 머무는 사람들을 위해 공연을 하는 거야. 그리고 중앙무대 주변에는 텐트를 치고 공연을 즐기는 거시. 우도 관광객들은 대부분 오전에 들어와서 오후에 나가잖아. 우도는 하루 만에 돌아볼 수 있는 곳이 아니거든. 페스티벌이 잘 되면 관광객이 그냥 나가겠어? 며칠씩은 머물겠지. 일이 년간은 입장료를 현장에서 받고 자리를 잡으면 우도에 들어올 때 받는 거야. 행사진행을 하고 남은 수익금은 전액 우도 주민들을 위해 쓰는 거지. 그러면 우도가 세상에서 가장 행복한 섬이 될 거야. 물론 지금도 나쁘진 않지만!"

"너무나 훌륭한 생각인데? 그럼 나도 무대에서 노래해야겠다. 우리 아버지 꿈이 가수였거든."

"어허! 김 선생은 글쟁이고 목수니까 투자자에게 보낼 제안서 쓰고 무대 만들고 하는 일이 어울리지 않을까?"

"아니야! 목수는 생계를 위한 직업이고 내 진짜 직업은 여행작가 겸 뮤지션이야."

같은 공간을 바라보고 있을지라도 사람마다 다 다르게 느낀다. 관광객들에게 쇠머리 오름은 우도를 한 눈에 내려다보고 해안 절경을 감상하는 곳이지만, 편 선생에게는 자신을 키워준 어머니의 품이고 꿈을 꾸는 공간이다. 우도에서 열릴 한여름 밤의 꿈같은 페스티벌은 상상하는 것만으로도 즐겁다.

카페 '노닐다'에서
놀다

　먼 바다로 태풍이 지나가고 구름이 걷히고 있다. 구름 낀 하늘로 번지는 노을은 예술이다. 태풍이 먼 바다로 지나갔다고 하지만 만조와 겹쳐서 수박만한 돌들이 바다를 메워 만든 부두에 들어와 앉았다. 자연은 자신이 있었던 자리를 잊지 않는다.

　카페 '노닐다'에서는 언제나 한라산으로 넘어가는 아름다운 노을을 감상할 수 있어 행복하다. 노닐다 앞 바닷가에서 노을을 감상하고 '노닐다'에 들렀다. '우도 장날' 공연에서 알게 된 누님은 나그네를 반갑게 맞으며 맛있는 커피와 우리밀로 만든 빵을 내놓으신다.

　"길수씨, 커피와 머핀은 언제나 공짜로 드릴 테니까 언제든 놀러 와요. 우리 커피 맛있어요. 호호호!"

　웃는 모습이 해맑고 나그네에게 관대한 누님이다.

"그럼 아침마다 들러도 되나요?"

"그럼요, 언제든지 환영이지요. 누군가에게 뭔가를 줄려면 제일 좋은 것으로 다 줘야지 조금만 주면 벌 받아요."

나그네로서는 참으로 고마운 말이고 보편적으로 생각해도 올바른 이야기다. 이웃 간에 주고받는 것들이 이런 관계라면 세상은 평화롭고 행복해지겠다. 누님의 넉넉한 마음 때문에 카페와 함께 운영하는 게스트하우스에는 날마다 예약이 넘친다. 누님은 넘친 예약 손님을 근처에 있는 게스트하우스에 소개해 주는 친절까지 베푼다. 참 착하고 맑고 아름다운 분이다. 아침에 들러야 할 곳이 하나 더 늘었다. 새벽에는 동쪽에서 일출을 보고, 아이들을 학교에 보내고는 서쪽으로 와서 '노닐다'에서 노는 것으로 하루를 시작해야겠다.

"길수씨, 내일 우리 '노닐다'에서 제가 좋아하는 가수를 초대해 놀려는데 길수씨네가 오프닝 공연해 줄래요? 같이 놀자고 하는 공연이어서 출연료는 많이 못 줘요. 대신에 대가족 저녁식사는 '노닐다'에서 준비할게요."

"저야 좋지요! 희수씨만 괜찮다고 하면요. 내일 아침에 커피 마시면서 말씀드릴게요."

자전거를 타고 집으로 돌아오는 길에 생각이 많아진다. '아무리 잊혀진 가수라지만 중앙무대에서 활동하던 사람에게 본 공연이 아닌 오프닝을 부탁해도 될까? 혹시나 자존심이 상하지나 않을까?'

저녁을 먹으며 희수씨에게 오프닝 공연 이야기를 꺼냈더니 희수씨 반응은 걱정했던 것과는 영 다르다. 여행을 시작하면서 자존심이고 뭐고 다 버린 지 오래라 한다. 그리고 무대 위에서는 누구나 평등하고 내가 만일 누군가에게 좋은 배경이 되어 준다면 좋은 일이라는 말도 덧붙

인다. 노래 잘하는 가수로만 알았던 희수씨가 달리 보인다. 여행은 사람을 겸손하게 하고 성숙시키는 데 가장 좋은 방법이다.

'노닐다' 공연은 게스트하우스에 든 손님들과 우도 주민들이 어우러져 노는 판으로 꾸며졌다. 희수씨는 흥겨운 노래로 문을 열었고 '꽃다지'에서 활동했던 가수 조성진 씨는 진지한 노래로 사람들을 감동시켰다. 밤이 깊어가고 공연이 무르익을 무렵에는 춤꾼들이 나와 게스트와 우도 주민이 함께하는 춤판을 만들었다. 재미있고 의미 있는 공연이다. 공연이 늦게 끝나는 바람에 뒤풀이를 함께하지 못해서 좀 아쉽기는 하지만 우도 주민도, 게스트들도 즐거운 공연이었다.

여유

아이들을 학교에 보내고 바람이나 맞으러 나선 길에 물빛이 아름다운 바닷가 카페에 앉아 여유를 즐긴다. 여유라는 것은 맑은 물빛이어서 잡을 수도 없고, 돈을 주고 살 수도 없다. 그저 내가 가진 모든 것들을 내려놓고 마음에  푸른빛을 담아야 즐길 수 있는 것이 여유다. 아내의 여유를 바라보다가 마음이 따뜻해졌다.

주화씨는 가난한 여행자의 아내로 팔 년째 세상을 떠돌고 있지만 아내는 불편한 생활에 짜증을 낸 적이 없다. 아내는 현실을 있는 그대로 받아들이고 편한 것보다는 불편하지만 행복한 것을 좇아간다. 진정으로 여유를 즐길 만한 자격이 있는 사람이다.

평안한 여유를 즐기다가 편 선생이 묻는다.

"김 선생, 저기 바다를 봐. 같은 바닷물인데 물빛이 다른 이유가 뭔지 알아?"

섬 살이 공부가 시작된다. 편 선생은 깜박하고 하루에 두 가지를 가르쳐줄 만도 한데 꼭 한 가지씩만 이야기를 풀어 놓는다.

"그거야 쉽지! 물의 깊이가 달라서 그런 거잖아!"

"그렇게 쉬운 질문이면 뭐 하러 물었겠어? 이런 뚜럼같은 사람아!"

"내가 바보 같다고?"

편 선생은 언제나처럼 나를 동네 바보취급이다.

"어라? '뚜럼'이라는 말은 아네?"

"내가 바보인 줄 알아?

제주에서 몇 달을 살았는데 그걸 모르겠어?"

"완전 뚜럼은 아니네? 그러니까 주화씨가 같이 살아주는구나? 그건 그렇다 치고 이야기나 잘 들어 봐! 물빛이 다른 이유를 한 마디로 얘기하자면 바람이 만들어 놓은 무늬 때문이야! 우도에 부는 바람은 특별한 날을 제외하고는 계절별로 일정하게 불어. 파도는 바람에 의해 방향이 정해지지. 바람이 가져다 놓은 모래가 있는 곳은 맑은 푸른빛이고, 바람이 쌓아둔 돌이나 여가 있는 곳은 짙푸른 색이지. 바나 깊이를 따지자면 섬 근처에서는 짙푸른 빛 바다가 더 얕아. 해초들이며 전복, 소라, 큰 물고기도 다 거기에 살지. 맑은 푸른빛 바다에 들어가면 잡을 것이 별로 없어. 김 선생이 바라보는 왼쪽에 모래사장이 끝나고 짙푸른 바다가 시작되는 곳이 내 수족관이야. 저기 물속에 들어가면 커다란 여가 있는데 그 밑에는 서너 사람이 들어앉을 만한 동굴이 있어. 나 어릴 적에는 거기에 큰 바다거북이가 살고 있었는데 세상공부를 하느라 몇 년 육지를 떠돌고 왔더니 사라지고 없더라고. 나한테는 소중한 친구였는데 말이야. 하여튼 물속에 잠겨 있는 큰 바위를 여라고 하는데, 그 밑에는 큰 물고기들이 살아. 우리 집에 손님이 오면 작살을 들고 저기로 들어가 물고기를 잡는데 꼭 필요한 만큼 잡히더라고. 한 사람이 오면 두 마리, 두 사람이 오면 세 마리, 세 사람이 오면 네 마리, 항상 그렇게 부족함이 없었어. 거북이가 남기고 간 선물인지 아무리 잡아도 물고기가 필요해서 들어가면 먹을 만큼은 꼭 있더라."

"그런데 편 선생! 수족관에서 우리를 위해 건져 줄 물고기는 없나?"

"기다려! 내일이면 사리니까 물이 많이 들어오고 멀리까지 빠져, 문어를 잡기에 좋은 날이고 소라는 살이 꼭 찰 때지. 문어하고 소라는 실컷 먹게 해 줄 테니까 기다려! 오늘은 여기까지야. 아, 참! 주화씨 몸에 딱 맞는 슈트가 우리 집에 있는데 선물로 줄 테니까 물질을 배워서 저 뚜럼 막걸리나 사 주시지?"

"물질은 내가 잘할 것 같은데 나한테도 선물해 주면 안 될까? 부부가 해녀, 해남 하면 그림이 좋잖아!"

"아이고! 김 선생은 하고 싶은 일이 많아서 좋겠네, 가수를 하겠다더니 이제는 해남까지 되려고? 일단 가수부터 하시고 노래를 잘하면 내 한번 생각해 봄세."

편 선생은 삶 자체가 여유이면서 자유다. 사람들이 애써 찾으려는 것들이 편 선생의 몸에는 그냥 배어 있다. 참 귀하고 소중한 사람이다.

꿈,
제자리로

고래가 바다 위에서 노니는 꿈을 꾸었다. 바닷가 의자에 앉아 멍하니 수평선을 바라보고 있는데 물속에서 고래가 날아올랐다. 고래를 바라보던 마음이 슬금슬금 움직이더니 고래에게로 다가가고, 고래와 바다에서 놀던 마음은 고래와 하나가 된다. 고래가 된 마음은 수평선 너머로 사라진다. 바닷가 갯바위에 외로이 놓인 의자가 제자리인 줄로 알았던 마음이 고래가 되어 먼 바다로 사라졌다. '모든 것들이 제자리로 돌아간 거야! 누구에게나 제자리가 있는 법이지. 날마다 그 의자에 앉아 있던 마음의 자리는 바다였던 게야! 보이지 않는다고 너무 외로워하지는 마, 완전히 사라진 것은 아니니까! 마음은 수평선 너머에서 바닷가 빈 의자를 기억하고 있을 거야' 지나가는 바람이 속삭인다. 마음은 바다로 가고, 빈 의자는 또 다른 인연을 기다린다.

참 이상한 꿈이다. 바닷가 의자에 앉아 있던 마음은 나였을까? 아니

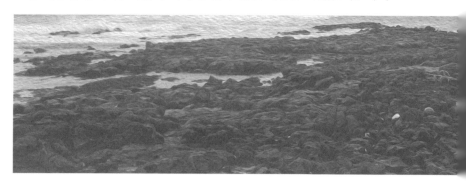

면 또 다른 누군가였을까? 외로운 빈 의자가 나였을까? 누군가였을까?
너무나 상징적인 꿈을 생각하며 바닷가 정자에 심드렁하게 앉아 있는데
편 선생이 나타났다.

"김 선생! 여기 있을 줄 알았지. 날마다 같은 자리에서 보는 일출이
그렇게 좋아?"

"응, 같은 시간 같은 장소라도 매일 다른 이야기를 해 주는 걸!"

"한 두어 시간 아르바이트 해 볼래? 물이 빠졌을 때 해야 하는 작업
인데 한 사람 자리가 비었거든. 시간당 이만 사천 원이니까 할 생각 있
으면 삼십 분 뒤에 하얀 등대로 오면 돼."

"당연히 가야지! 그럼 오늘 저녁에는 우리 집 마당에서 돼지고기나
구워 먹을까?"

"좋지! 막걸리는 내가 사지, 이따가 하얀 등대에서 만나!"

잠을 못 자서일까? 편 선생 얼굴이 피곤해 보인다. 돌아서는 편 선생
등 뒤로 외로움이 따라 붙는다.

"편 선생, 같이 가자고!"

편 선생 어깨에 손을 얹어 외로움을 떼어 내려는데 잘 떨어지지 않는
다. 잠시라도 좋으니 좀 떨어져라! 편 선생 어깨가 따뜻하다.

너무 작은 문어, 살찐 소라,
새로운 버스킹

바다로 일을 나갔던 편 선생이 한 입에 쏙 들어갈 만한 너무 작은 문어를 잡아 왔다. 수남이가 잡은 큰 문어만 봐 왔던 아이들은 새끼 문어라고 일러 줘도 믿지 않는다. 편 선생은 아이들에게 보여 줄 생각에 잡아온 문어인데 뭐 하러 잡아 왔냐며 괜한 핀잔만 듣는다. 머쓱해진 편 선생이 자동차 트렁크를 열더니 뿔소라 세 망태를 내린다.

"해녀들이 오늘 잡은 건데 살이 꽉 차고 맛이 최고야. 한 사오일은 살아 있을 테니 두고두고 먹고 부모님들께 선물해도 좋고, 택배로 보내도 살아 있을 거야."

"며칠 동안은 밥 대신 소라만 먹어야겠는 걸? 부모님께 효도도 하고 말이야! 고마워, 친구!"

양가 부모님께 한 박스씩을 보내고도 한 망태기가 남았다. 회로 먹고 구워 먹고 삶아 먹고, 먹고 또 먹어도 줄어들지 않는다. 비어가는 망태기는 친구의 따스한 배려와 정성이 새로 채워진다.

얼마 전부터 버스킹이 잘 안 된다. 느긋하게 음악을 감상하고 공연료를 내거나 책이나 음반을 사 가는 사람이 많지 않다. 무엇엔가 쫓기듯 잠깐 풍경을 즐기고는 빠르게 지나간다. 근근이 살아가는 여행자의 생계를 유지하려면 무슨 다른 방법이 필요하겠다. 정원씨가 모자와 스카프를 팔자는 의견을 냈다. 자본이 그리 많이 드는 일도 아니고 햇살이 좋고 나무 그늘이 없는 우도에서는 잘 팔리겠다 싶어 식구들 모두가 찬성한다.

실험 삼아 가지고 나온 모자 열 개가 금방 다 팔렸다. 아침저녁으로는 찬바람이 불지만 아직 더위가 남아 있어 스카프는 잘 안 팔린다. 그래도 거리공연으로 번 수익보다 모자를 팔아 생긴 수익이 더 많다. 그런대로 생계는 유지하게 생겼다. 여행자 가족에게는 꼭 필요한 만큼의 돈만 생긴다.

초청 공연?
& 제자가 생기다

　점심을 먹기 위해 들른 식당 '소풍'에서 공연 요청이 들어왔다. '소풍' 야외식탁에서도 공연을 감상할 수 있게 앞마당 공연을 해달란다. 하얀 등대 아래도 관광객이 많이 찾는 곳이어서 자리가 좋기는 하지만 '소풍' 앞마당은 일단 귀 기울여 들어 줄 관객이 확보되어 있어서 좋다. '소풍' 앞마당에는 옛날 해녀들이 물질을 하고 나와 모닥불을 피워 몸을 덥히던 '불턱'이 있고, 해녀가 주인공으로 나오는 영화를 찍은 곳이어서 공원처럼 잘 꾸며져 있다.

　'불턱'은 밭 울타리와는 달리 바람이 통하지 않도록 현무암을 견고하게 겹으로 쌓아 만든 해녀들의 휴식 공간이다. 옛날에는 우도를 빙 둘러 동네마다 하나씩은 다 있었지만 지금은 쓰이지 않아서 상징적으로 몇 개만 남아 있다.

'소풍' 주인장은 공연을 해 준 보답으로 전복스테이크와 한치볶음밥을 공짜로 내어 주고 책과 음반을 여러 개 사고는 식당에 걸어 놓겠다며 기념사진을 찍었다. 계획하지 않은 식당 버스킹으로 수입이 과하게 많아졌다.

  내일부터는 식당을 찾아다니며 버스킹을 해 볼까? 중국여행을 회상해 보니 외국인들이 많이 모이는 관광지에는 야외 식탁이 차려진 식당에서 버스킹을 하는 뮤지션들을 흔하게 볼 수 있었다.

  실용음악을 전공하고 싶다는 '소풍' 주인장 딸을 제자로 받아들였다. 희수씨는 일주일에 두 번 기타와 노래를 가르치고, 나는 단순한 박자를 나누어 화려하게 연주하다가 박자를 놓치는(?) 또는 놓치지 않는 방법을 가르치기로 했다. '소풍' 주인장은 사교육(?)비로 쌀 두 부대와 정성 들여 만든 반찬들을 내놓았다.

  이제부터는 '소풍' 앞에서 하는 버스킹은 새로운 멤버와 셋이서 공연을 하게 되었다. 쌀과 생활비가 거의 떨어져 가고 있었는데 우연히 들른 식당에서 제자가 생기고, 양식과 돈이 생기고 하는 것을 보면 느린 바람 여행자 가족은 꼭 만나야만 하는 인연을 본능적으로 찾아다니는 것 같다.

면민의 날
동네잔치

우도 풍물패 회원들이 우리 가족을 면민의 날 행사에 초대해 주었다. 육지에서는 면민의 날 행사가 휴일에 열리지만 시간을 자유롭게 쓸 수 있는 우도 사람들은 평일로 날을 잡는다. 이른 아침부터 섬 아이들 한 패거리가 우리 집으로 몰려들었다. 잠이 덜 깬 우리 아이들에게 경품을 탈 수 있게 해 주고 맛있는 음식도 먹을 수 있다고 꼬드겨서 잔치마당으로 끌고 간다.

잔치가 펼쳐진 운동장은 군 단위 공설운동장만큼이나 규모가 크고 잘 가꾸어져 있다. 장구를 배운 지 한 달 밖에 되지 않아 아직 서툴기는 하지만 풍물패와 함께하는 길놀이가 재미있다. 풍물패는 동네별로 쳐 놓은 천막을 돌면서 흥겨운 풍물가락으로 잔치마당에 흥을 돋운다.

동네별로 천막이 쳐져 있지만 우도 사람들에게는 별 의미가 없다. 모두가 한 동네 사람처럼 친밀해서 마을 별로 준비한 음식을 서로 나누며 잔치를 즐긴다. 내 부모 내 아이가 따로 없이 서로 나누고 돌보는 모습이 보기 좋다. 아이들은 저희들끼리 여기저기 싸돌아다니면서 놀고 어른들도 맛있는 잔치 음식을 고마운 이웃들과 나누면서 한가롭게 논다.

어느 하루

"아무 일도 없는 날은 생활이 무료하지 않나요?"

나그네의 삶을 조심스레 지켜 보시던 이웃분이 묻는다.

"그냥 그래요."

아무렇지도 않게 대답하고는 지나가는 바람에게 같은 물음을 던지고 바람의 대답을 기다린다. 바닷가에서 바람과 노닐며 수평선 너머를 바라보는 일로도 하루가 가고, 다른 이가 써 놓은 이야기를 읽다가 꾸벅꾸벅 조는 일로도 하루가 가고, 또 다른 하루가 시작되지만 그 하루도 그냥 흘러가 버린다는 사실을 바람은 너무나 잘 알고 있다.

그렇게 하루하루가 흐르다 보면 언젠가는 우리도 바다 저편으로 돌아갈 날이 반드시 온다. 어차피 흘러갈 오늘이라면 세상이 끝난 것처럼 사랑하고 감사하고 기뻐하면서 지금을 살아야 한다. 영원을 순간처럼 살아 버리거나 순간을 영원한 것처럼 살아가거나 그냥 오늘을 사는 것이다.

오고 가는 것들은 그저 그렇게 흐르지만 그것을 붙잡으려는 마음만이 고통을 가져온다는 것을 세상을 한 바퀴 돌고 온 어제의 바람이 내게 일러준다.

"바람은 자유다. 나는 바람이다."

오늘도 바람에게 길을 묻는다.

"바람아! 오늘은 어디에서 사랑하고 감사하고 기뻐하며 놀까?"

바람

아이들과 함께 하얀 등대로 거리공연을 나왔다. 참 오랜만에 온 가족이 함께하는 시간이다. 학교가 쉬는 날도 섬 친구들이랑 놀기에 바쁜 수남이는 우도 어딘가를 바쁘게 돌아다니고 있다. 점심시간에는 제 자네 가게에서 공연을 해 주고 전복스테이크와 한치볶음밥으로 온 가족이 즐거웠다. 수남이는 중앙동 순대국밥집에서 친구들과 거하게 한 판 벌였다는 이야기를 우도에서 가장 바쁜 나비누나가 일러주었다. 우도에서는 가만히 앉아 있어도 어디에서 무슨 일이 벌어졌는지 금방 알 수 있다.

아빠들이 공연을 하는 동안 아이들은 푸른 바다에 돌을 던지며 논다. 아이들의 마음이 바다를 닮았으면 좋겠다. 아이들이 뿔소라 모형에 올라가 바람을 맞으며 아빠들이 공연하는 모습을 바라보고 있다. 아이들의 마음이 바람을 닮아 가며 자랐으면 좋겠다. 아이들이 바람이 전해 주는 이야기를 들으며 살아가면 좋겠다. 한 부모에게서 태어났지만 다다른 아이들이다.

아빠는 그저 너희들이 안전하게 자랄 수 있는 마당이 되어 줄 테니 너희들 개성대로 건강하게만 자라거라! 너희들 인생은 너희들 것이다. 너희 마음이 가는대로 자유롭게 살아라! 너는 너다!

우도 전체를 휘저으며 놀던 수남이가 해가 져서야 돌아왔다.

"수남아! 저녁은 먹었어? 점심은 순대국밥 먹었지?"

"저녁은 친구네 식당에서 돈가스 먹었어요. 제가 좀 잘 놀잖아요. 제가 친구들하고 놀아 주면 친구들은 밥도 사 주고 과자랑 음료수도 사 주고 그래요."

하나 있는 아들이 너무 빨리 커버려서 좀 서운하긴 하지만 수남이는 이제 혼자서도 살아갈 수 있을 것 같다.

"아빠가 좀 전에 신기한 것을 봤는데 생물학자가 꿈인 수남이가 해결해 줄래?"

"뭔데요?"

"반딧불이를 봤거든, 우도에는 강이 없잖아. 그러니 다슬기도 없고, 그런데 어떻게 반딧불이가 살 수 있지?"

"아빠도 그게 궁금했어요? 저도 신기해서 며칠 전에 알아봤어요. 제주도 예래천에서 애반딧불이 공부한 거 기억나죠? 그래서 반딧불이는 깨끗한 강에 사는 다슬기를 먹고 자란다고만 생각한 거예요. 반딧불이는 여덟 종류가 있는데, 다슬기를 먹고 물속에서 어린 시절을 보내는 반딧불이는 애반딧불이 한 종이고요. 나머지 일곱 종은 습한 곳에 살면서 달팽이를 먹고 살아요. 우도에는 방죽이 여러 개 있잖아요. 우도 반딧불이는 거기에서 살아요. 큰 달팽이를 먹고 자라니까 우도 반딧불이는 몸집도 커요. 이제 됐어요?"

"아! 그렇구나? 수남이가 아니었으면 또는 우도에 오지 않았으면 아빠는 애반딧불이 하나만 알면서 평생을 살았겠다. 아빠도 들은 이야기인데 동남아시아 원시림에 가면 반딧불이가 엄청나게 많이 살고 있다고 해. 번식기가 되면 수만 마리가 한꺼번에 날아올라서 빛을 내기 시작한다는데 처음에는 서로 먼저 강한 빛을 내려고 다투다가도, 시간이 지나면 함께 조화를 이루어서 부드러운 음악에 맞추어 춤을 추는 것처럼 아름다운 빛을 낸다고 하더라! 우리 수남이 내년에는 아빠랑 미얀마에나 다녀올까?"

마냥 어린 아이일 거라 생각했던 수남이가 스스로 찾아가며 공부를 할 수 있는 소년이 되어 있다.

우도에도 귤이?
우도에도 조개가?

바람이 많이 부는 우도에는 나무가 크게 자라지 못한다. 그래서 제주에는 흔한 감귤밭이 우도에는 하나도 없다. 아이들을 학교에 보내고 나온 산책길에서 키 작은 귤나무를 만났다. 구멍이 숭숭 뚫린 돌담의 보호를 받으며 얼마나 오랜 세월을 살았는지 키는 작지만 밑둥치는 굵다. 우도 바람을 이겨내고 건강하게 자란 나무에는 노오란 귤이 주렁주렁 달렸다.

우도에서 키우는 농작물들은 다들 키가 작은 것들이다. 땅콩, 고구마, 쪽파가 주된 농작물인데 바다 바람이 가져다 준 영양분을 먹고 자라서 단단하고 맛이 좋다. 바람이 키워 준 것들이니 좋지 않으면 오히려 이상하겠다. 예쁘게 가꾸어진 밭을 돌담 너머로 감상하고 있는데 육지에서 온 손님맞이로 며칠 보이지 않던 편 선생이 나타났다.

"김 선생, 뭘 그리 쳐다보고 있나?"

"귤나무가 신기해서, 이렇게 자라다가는 키 작은 아름드리나무가 되겠는 걸?"

"아마 그렇게 되겠지, 우도박물관 옆에 있는 야자수 봤지? 내가 어릴 때부터 있던 나문데 키는 많이 자라지 않고 둥치만 굵어졌어. 오늘은 밀린 공부 시켜 줄 테니 바닷가로 산책이나 갈까?"

수확을 앞둔 땅콩 밭 돌담길을 굽이굽이 돌아 바닷가로 내려가는 길이 즐겁다.

"저기 소나무숲 보이지? 한 이십 년 전에 방풍림으로 심었는데 둥치는 많이 굵어졌는데 키는 그대로야. 그냥 저렇게 땅에 심어 놓은 분재가 되려나 봐."

"그러면 우도에다가 분재 정원을 만들면 좋겠다. 힘도 들이지 않고 신비한 숲을 만들 수 있잖아! 제주에는 온갖 박물관들이 생겼지? 우도에는 분재박물관을 만드는 거야!"

"그럴싸한 생각이긴 한데 내가 보여주고 싶은 것은 이거야."

편 선생은 바닷가 돌 틈과 모래밭에서 땅에 기다시피 자라고 있는 풀들을 가리킨다.

"이것은 번행초, 저것은 삽주, 저기 오골 오골 모여 사는 것은 와송이고 저기 잎이 넓은 것은 방풍이야. 우도에 자라는 식물은 바람을 많이 맞아서 모두 다 키가 작아. 하지만 약효는 아주 뛰어나지. 우도에는 아직 약초에 관심 있는 사람이 별로 없으니 약초만 캐서 팔아도 먹고는 살 거야!"

"가수가 될 사람한테 약초꾼을 하라는 거야?"

"그건 아니고 김 선생이 하고 싶은 일이 많잖아 그래서 알려 주는 거지. 선생에서 목수로, 뮤지션에 작가, 가수, 해남, 약초꾼, 김 선생 직업으로 안 어울리는 것이 없고만 그래.”

“할 줄 아는 게 많으면 가난하게 산다던데 나는 그냥 가난한 여행자로 살아야 할까 봐!”

“그럼 김 선생이 평생 가난하게 살 수 있는 방법을 내가 또 하나 가르쳐 주지.”

편 선생이 신발을 벗더니 성큼성큼 바다로 들어간다.

“이리 들어오라고, 내가 조개 잡는 법을 알려 줄게.”

아침저녁으로는 찬바람이 부는 계절이지만 편 선생과 함께 들어온 가을바다는 아직 따뜻하다.

“우도 조개잡이는 재미있어. 발가락을 꼼지락거리면서 춤을 추는 거지. 자, 김 선생도 한 번 해 봐!”

아침부터 난데없는 춤판이 벌어졌다.

“발이 모래 속으로 들어가면 뭔가 걸리는 게 있지? 살살 건드려서 발가락으로 건지면 끝이야. 우도에는 조개가 여기에만 살아. 우도 사람들은 조개에는 별 관심이 없어서 내 밭이었는데 김 선생에게 넘겨 주지. 아이들하고 함께 와서 잡아 먹으라고. 여기 백합조개는 워낙 깨끗한 물에 살아서 해금을 하지 않고 바로 먹을 수 있어.”

춤추는 조개잡이라니! 주말에는 아이들과 음악을 틀어 놓고 춤이나 추면서 놀아야겠다.

“오늘은 특별히 김 선생이 가난하게 살 수 있는 방법을 하나 더 가르쳐 주지. 지난주에 먼 바다로 태풍이 지나갔잖아, 태풍이 지나고 나면 바닷가에는 나무가 많이 밀려 오지. 바다에 떠다니다가 우도로 밀려오는 나무는 대부분 일본이나 필리핀, 중국에서 자란 나무야. 바다에 오래 떠다녀서 잘만 고르면 목질이 좋은 나무를 구할 수 있지. 그걸로 차탁이나 생활소품을 만들면 작품이 될 걸? 김 선생은 나무를 다룰 줄 알고 모습도 예술가니까 잘 어울리는 일이겠는 걸?"

"정말 좋은 생각인데 일단 록 페스티벌에서 가수로 노래를 하고 나서 시작하지. 이제 아침커피 마시러 갈 시간인데 같이 갈까?"

"아니, 나는 잠을 좀 자야겠어. 육지에서 온 친구들 떠나고 한숨도 자지 못했거든. 이따가 저녁에나 보자고!"

편 선생 등 뒤에 또 다시 외로움이 붙어 있다.

"김 선생님, 오늘은 좀 늦었네요?"

노닐다 누님은 늘 밝은 웃음으로 우리를 맞아 주시고 십 년이 넘게 나이 차이가 나는데도 나그네에게 항상 존칭을 쓴다. 참 선하고 아름다운 분이다.

"네. 아침공부가 길어져서요."

"김 선생에게 부탁할 일이 있어서 기다렸어요. 커피 마시면서 노닐다 정원으로 산책 나갈까요?"

"좋지요! 맛있는 커피에 아름다운 누님과 하는 산책에 대한 보답으로 부탁은 무조건 들어 드릴게요."

"이 년 전에 동백나무와 녹나무를 함께 심었어요. 이제는 다들 건강하게 자리를 잡은 것 같아요. 그래서 나무들 사이에 원두막과 나무 길을 만들고 싶은데 김 선생이 도와줄래요? 주말이 되기 전에 끝내야 하거든요."

"당연히 도와드려야죠. 그나저나 목수일이 하고 싶었는데 고맙게도 일거리가 생겼네요."

"일은 아홉 시에 시작하는데 여덟 시에 오시면 아침식사도 같이 할 수 있어요."

아홉 시면 아이들을 학교에 보내고 일을 시작해도 여유로운 시간이다. 며칠 동안 새로운 인연들과 재미난 작업을 할 수 있겠다.

노닐다 나무집 만들기

제주에서 목수팀이 들어왔다. 서로를 소개하고 작업회의를 하는 아침시간부터 흥미진진하다.

"김 목수! 니콜라랑 제프 알지요?"

인사를 나누며 말랴라 불리는 클라이머 목수가 묻는다.

"그 친구들을 어떻게 알아요? 저하고도 오래된 친구들인데요."

"저는 김 목수를 오래 전부터 알고 있었어요. 십 년 전쯤 서울에 살때 제프랑 니콜라가 재미있는 목수가 있다며 언제 소개해 준다고 했었거든요."

말랴와 나는 오래 전에 인연의 고리가 맺어져 있었구나!

"케밥 형님은 짜이다방 선영씨 알아요?"

어떤 고리로 우리가 여기에 모였는지가 궁금해져서 케밥 식당을 운영했다는 요리사 목수 형에게 물었다.

"당연히 알지요. '짜이다방' 인테리어 할 때 도와주기도 했고 저하고 친한 동생이에요."

생태건축 공동체에서 일을 했다는 클라이머초이 대장목수는 퍼머컬쳐 디자이너 유니를 함께 알고 있고, 나무늘보라 불리는 야

생화 전문가 목수는 전주에 사는 야생화 선생님을 함께 알고 있다. 어느 날부터인가 새로운 인연을 만나도 오래 전부터 알고 있는 누군가와 인연의 고리가 맺어져 있다. 꼭 만나야 할 인연은 자연스럽게 오고, 만남의 이유는 만들어진다. '노닐다'에 나무집을 만드는 일은 우리들 만남의 이유가 되었지만 오늘의 인연은 필연이었나 보다.

'노닐다'에 먼저 자리를 잡은 꽃과 나무들을 다치지 않게 조심스레 작업을 한다. 처음 만나서 하는 작업인데도 호흡이 척척 맞는다. 나이와 경험이 가장 많은 대장목수 형은 같이 일하는 목수들에게 어떻게 하면 더 아름다운 나무 집을 만들 수 있을지 의논하면서 작업을 진행한다. 서로를 존중하는 마음이 몸에 배어 있다.

목수들은 로즈마리 한 포기, 동백 나뭇가지 하나에도 신경을 써 가며 작업을 한다. 온 생명에 대한 사랑과 배려가 깃든 움직임이다. 아름다운 사람들이다. 우리는 어쩌면 자유와 바람, 사랑과 평화라는 고리로 오래 전부터 인연을 맺고 있었나 보다.

며칠간 작업으로 '노닐다'에 쉼터 겸 놀이터가 생겼다. 로즈마리 몇 포기를 옮겨심기는 했지만 정원을 온전히 보존하면서 원두막을 세우고, 맨발로 걸으며 동백나무를 품어볼 수 있는 길도 만들었다. 나무 집과 나무 길은 나무들 사이를 둘러가며 만들다 보니 자연스레 우도봉을 향해 떠가는 배가 되었다. 사람들이 여기에서 음악공연을 즐기고, 삼나무 벤치에 앉아 책을 보고 낮잠을 자고 노닐며 행복해지면 좋겠다. 완성된 나무 집을 감상하고 있는데 희수씨 부부가 '노닐다'로 산책을 나왔다.

"희수씨, 정원씨 이리 와서 좀 봐요. 동백꽃 몽우리가 맺혔어요. 노닐다 누님이 그러는데 우도에서는 겨우내 동백꽃을 볼 수 있데요. 수선

화도 이월이면 꽃을 피우고요. 그러니까 어느 계절에나 꽃을 볼 수 있다는 거죠. 우도에 몇 년 살아 봐도 좋을 것 같은데 어때요?"

"김 선생은 꽃 몽우리만 봐도 그렇게 좋아요? 우리는 정원씨 뱃속에 둘째가 생겼는데!"

희수씨네가 그렇게 기다리던 둘째가 생겼다니 축복하고 또 축복할 일이다.

"우도에 있는 씨는 사람 씨나 식물 씨나 다 좋다던데 희수씨는 우도 사람이 되었나 봐요? 우도에 잉태여행을 와서 생긴 우두 씨라면 틀림없이 아들일 거예요."

우도 동백나무에는 꽃 몽우리가 맺히고 희수씨네는 아기가 생겼다. 오늘도 고맙고 좋은 날이다.

우도 연못
& '산물통'

휴일에도 우도를 싸돌아다니며 놀던 수남이가 어쩐 일로 아침밥을 먹고 나서도 집 안에 있다. 민정이와 정수는 인혜언니 집에 놀러 간다며 아침밥을 먹자마자 동생 진아까지 데리고 나가 버렸다.

"수남아! 놀러 안 나가고, 무슨 일 있어?"

"혜민이가 앞 머리카락을 잘라 버렸는데 창피해서 어떻게 나가요?"

"그러게 먼저 친하게 지낸 혜민이도 좀 잘 해주지 그랬어. 수남이가 다빈이만 좋아하니까 그렇게 된 거지. 미용실 가서 머리 깎고 반딧불이 공부나 하러 가자! 아빠가 어젯밤에 사람들이 잘 다니지 않는 연못에다가 통발 넣어 놨어. 무슨 생물들이 사는지 알아보려고 말이야."

오래 전부터 농업용수로 쓰기 위해 만들어 놓은 빗물받이 연못에는 연꽃이 건강하게 자라고 있다. 연못으로 들어오는 물길이 있는 것은 아니지만 일 년 내내 비가 적당히 내리는 우도 연못은 마르는 법이 없다. 연못 주변을 조심스럽게 관찰하던 수남이가 키 작은 나무 밑에 자라고 있는 풀잎 위에서 달팽이를 발견했다.

"아빠! 우도 반딧불이는 사람들이 만든 연못 주변에 사나 봐요."

"그러겠네. 연못 속에는 누가 살고 있는지 통발을 건져 올려 볼까?"

돼지비계를 미끼로 넣어 둔 통발이 묵직하다. 통발 안에는 우렁이가 제일 많고 미꾸라지 몇 마리와 배가 불룩한 메기 한 마리가 들어 있다.

"아빠! 이 녀석들은 어떻게 여기에서 살게 되었을까요?"

"음, 아빠가 어릴 적에는 장마가 지면 사람들이 다니는 길에서도 미꾸라지를 잡을 수 있었어. 그래서 생각했지 '미꾸라지는 비를 타고 여행을 할 수 있구나!'하고 말이야. 요놈들은 여행과 모험을 좋아해서 육지에 비가 많이 내릴 때 빗줄기를 타고 하늘로 올라가 비구름을 타고 우도에 와서는 다시 비를 타고 이 연못에 내려 왔나 봐! 아니면 연못을 여러 개 만들다 보니 고인 물에서 자라는 모기가 많아져서 미꾸라지를 사람들이 넣었고, 물을 깨끗하게 유지하기 위해서 연꽃을 심고 우렁이를 키우고 있는지도 모르지. 그러다 보니 사람이 만든 연못이 완전한 생태계를 갖추게 되었고 말이야."

"아빠! 저는 미꾸라지들이 우리처럼 여행을 왔다고 생각할래요. 우도가 살기 좋으면 살고 싶은 만큼 살다가 또 여행을 하고 싶으면 큰 비가 내리는 여름에 빗줄기를 타고 다른 세상으로 여행을 떠나는 거예요. 물론 여행 목적지는 선택할 수 없어요. 구름은 바람이 몰고 가니까요. 바람이 데리고 가는 곳이 여행지가 되는 거지요."

"우와! 우리 수남이 대단한 생각을 했네? 아빠 이야기와 수남이의 여행자 미꾸라지 이야기를 글로 쓰면 재미있는 동화가 되겠는 걸?"

아빠의 칭찬에 수남이가 웃는다.

"아빠! 저 혜민이한테 가 볼래요. 지금쯤 도서관에 있을 거예요. 친구들 모아 놓고 여행하는 미꾸라지 이야기를 진짜처럼 들려줘야겠어요. 착한 혜민이가 좋아할 것 같아서요."

"그래, 혜민이에게 네가 먼저 미안하다고 사과하고 여러 친구들과 사이좋게 지내라!"

다섯 살에 여행을 시작해 어느새 불쑥 커버린 수남이가 멀어져 간다. 몇 년이 흐르면 수남이는 독립을 하겠다며 아빠 곁을 떠나버릴 것만 같다. 연못에 살던 친구들을 다시 집으로 돌려보내고 무심히 걷다보니 편 선생이 살고 있는 동네에 와 있다. 목수 일을 하느라 며칠 동안 보지 못한 편 선생을 만나러 편 선생의 집이 있는 골목으로 들어섰다. 편 선생의 늙은 말이 얌전히 주차되어 있는 걸 보니 아직 집에 있는 모양이다.

"편 선생! 집에 있나?"

"응, 들어와! 이제 일어나서 나가려던 참이었어."

어질러진 방에는 소주병이 뒹굴고 있다.

"아니, 혼자서 소주를 마신 거야?"

"요즘엔 통 잠을 잘 수가 없네. 부탁할 일도 있고, 보말칼국수나 먹으러 가지? 혼자 밥 먹는 일에 익숙하지가 않아서 김 선생이 함께 먹어주면 좋겠어."

사람에 대한 정이 너무 많아 외로움도 많이 타는 편 선생을 언제까지나 곁에서 지켜 주고 싶다. 야트막한 밭담을 벗 삼아 걷다가 높이 쌓아 올린 돌담을 만났다. 바람이 적당히 들고 날 수 있도록 쌓은 밭담과는 달리 이중으로 견고하게 쌓은 담이다. 안쪽을 들여다보니 우물이 있다.

"편 선생! 우도에 우물이 있었어? 아침에 수남이랑 우도 연못을 살펴봤는데 미꾸라지, 메기, 우렁이… 육지에 있는 연못이랑 별 다를 바 없이 다 살던데, 오늘은 우도사람들과 물에 대한 이야기를 해 줄래?"

"연못에 미꾸라지가 사는 것은 어떻게 알았어?"

"통발을 놓았더니 들어와 있던데? 잡아먹지는 않고 놓아줬어!"

"몇 마리쯤은 잡아먹어도 괜찮아. 예전에는 장어도 있었는데 지금도 살고 있는지 몰라. 수돗물이 들어오기 전에는 마실 물이 귀했지. 집집마다 큰 물통을 만들어 놓고 빗물을 받아 저장해 두었다가 생활용수로 썼어. 좋지 않은  물을 먹고 살았던 거지. 그러다가 '우도봉'에 큰 저수지를 만들고부터는 형편이 좀 나아졌지. 몇 년 전에야 제주에서 물을 끌어와서 좋은 물을 넉넉하게 쓰게 되었어. 우도 물은 그냥 마셔도 돼. 아! '산물통' 이야기를 해 줘야지?

우도 사람들은 이 우물을 살아 있는 물, 샘물, 산에서 내린 물이라는 뜻으로 '산물통'이라 불러. 주변을 둘러 봐! 산물통보다 낮은 곳이 없지? 빗물이 '쇠머리오름'에 고이고, 우도 곳곳에 있는 연못에 고여 있던 물이 땅으로 스며들고 정화되어 '산물통'에서 솟아오르는 거야. 아주 옛날부터 이 물은 마르는 법이 없었다고 해. 우도에서는 유일하게 그냥 마실 수 있는 고마운 물이었지. 새벽에는 마실 물을 뜨러 온 아낙들이 이야기꽃을 피우고, 낮에는 농사일에 지치고 목마른 사내들이 물을 마시고 몸을 씻던 곳이었어.

한 번 상상해 봐! 얼마나 아름다웠겠어? 산물통이라는 공간에서 사람들의 삶이 이어지고 살아지고 했던 거야. '산물통'은 이야기가 시작되고 우도의 삶이 시작되는 곳이고 화해의 공간이지. 다툼이 일었다가도 '산물통'에서 만나고 하나의 생명수에 의지하다 보면 화해를 할 수밖에 없었겠지. 요즘은 육지에서 들어온 사람들이 많아져서 '섬 것들',

'육지 것들'하면서 서로를 멸시하고 다투는 경우가 종종 있는데 그런 사람들은 '산물통'에 와서 자기를 반성하고 서로 사이좋게 지냈으면 좋겠어. 수도꼭지만 틀면 삼다수가 쏟아져 나오니 '산물통'에 모일 일도 없겠지. 편리한 것이 다 좋지만은 않은 것 같아. '산물통'에 사람들이 드나들지 않으니까 물도 옛날처럼 좋지가 않아. 물을 퍼내야 새 물이 찰 텐데, 고인 물은 썩기 마련이잖아. 우리네 마음도 그래, 서운한 것이 있으면 퍼내고 새로운 마음을 담아야지, 꿍하고 미운 감정을 속에 담고 있으면 썩어 문드러져서 큰 다툼이 생기는 것 아니겠어? '산물통'에 왔으니 김 선생도 나한테 서운한 것 있으면 다 털어 놓으라고!"

"나야 뭐 편 선생에게 고마운 마음밖에 없지. 그래도 부탁은 하나 있어. 독한 술은 절대로 입에 대지 말고 편 선생 몸 좀 챙겼으면 좋겠어. 밤에 잠이 안 오면 운동하는 상상을 하거나 책을 봐, 상상하는 것만으로도 몸이 피곤해져서 잠을 잘 수 있으니까."

"그래 노력은 해 보지."

"노력 정도가 아니라 꼭 그렇게 했으면 좋겠어. 그런데 부탁할 일이 있다면서 뭐야?"

"음, 내일이 우도 장날인데 거리공연을 장터에서 해 주면 고맙겠어. 그리고 다음 주에 우리 땅콩 밭 타작마당을 펼칠 건데 일을 도와주라고, 일당은 후하게 줄게."

"편 선생이 하자는데 당연히 그렇게 해야지! 내가 경운기 운전도 할 수 있으니까 뭐든지 말만 하라고 다 도와주지, 일당도 필요 없고 그냥 식구들 밥이나 챙겨줘! 아침을 일찍 먹었더니 출출하네, 보말칼국수 국물에 밥 볶아 먹는 것 정말 맛있지. 오늘은 어느 해녀촌으로 갈까?"

우도 장날

우도에는 특별한 장이 선다. 매주 금요일 오전 열 시에서 오후 세 시까지 우도 이곳저곳을 옮겨 다니며 열리는 장이다. 장이 열리는 시간이 짧아 반짝 열리는 장이다. 속내는 더욱 반짝이는 장이다. 우도 장에서는 주로 기증 받은 물건들을 싼 값에 팔고 수익금은 모두 아이들 장학금이나 독거노인들을 후원하는 일에 쓰인다. 직접 만든 물건을 가지고 나온 사람들두 수익금의 일부를 장학금으로 내놓는다. 아름다운 장날이다.

오늘은 초등학생들도 작아져서 안 입는 옷이나 신발, 흥미가 떨어진 장난감과 인형을 들고 나왔다. 정수와 진아는 몇 만원은 할 것 같은 구두를 천 원에 샀다. 수남이는 진서 장난감으로 나무로 만든 블록 놀이세트를 거금 삼천 원에 사고는 횡재를 했다며 좋아한다. 아이들은 물건을 서로 바꾸거나 팔면서 신이 났다. 아이들이 가지고 나온 물건은 한 시간 만에 다 팔려 버렸다.

장날에 대한 공부를 먼저 하고 나

온 아이들은 물건을 팔아 번 돈의 일부를 장날 공동금고에 아낌없이 내고, 우도 빵집 '띠띠 빵빵'에서 기증한 빵을 사서 나눠 먹으며 논다. 재홍이는 김밥을 사고, 혜민이는 떡볶이를 사고, 혁주는 어묵을 사서 푸짐하게 차려놓고는 장날에 나온 아이들 모두가 나눠 먹는다. 참으로 아름다운 공부, 살아 있는 공부다. 물건을 사고팔고 남은 돈으로 먹을 것을 사서 나눠 먹는 일이 재미있어진 우리 아이들도 다음 장에는 자기들이 아끼는 물건을 가지고 나오겠다고 한다.

오로라식당에서는 족발을 삶아 내오고 '띠띠 빵빵'에서는 아침에 구운 빵을 기증했다. 카페 '노닐다'에서는 커피를 내놓고 농사를 짓는 우도 주민은 찰보리를 싼 값에 주셨다. 우도 주민에게 중국어를 가르치는 선생님은 향초를 가지고 나오고, 우도가 고향인 천연염색 선생님은 직접 만든 갈옷과 모자를 팔았다. 우리 가족은 음악으로 사람들을 불러모으면서 음반과 책을 팔았다. 장날에 참여한 사람들은 수익금이 생기면 서로의 물건을 사 주기도 하고 음식을 사서 나눠 먹기도 하면서 즐거운 시간을 보낸다.

수익은 적지만 모두가 행복한 장터다. 작은 장이지만 부족한 것이 없다. 한 해, 두 해가 지나면 우도 장은 세상에서 가장 아름다운 장날로 자리 잡겠다.

바람의 상처

바람이 제법 차가워졌다. '우도봉'으로 억새를 피워 올리는 하늬바람을 만나고 싶어져 '검멀레'로 거리공연을 나왔다. 바람이 분다. 억새가 우도봉 꼭대기까지 하얗게 피었고 가을이 깊어졌다. 가을 여행에 나선 사람들은 바람이 만들어 놓은 바닷가 절경을 바라보며 잠깐 음악을 즐기고는 빠르게 스쳐 지나간다. 백만 년 동안 한 곳에 서서 바람과 파도를 끌어안고 살아온 우도봉은 분주히 오가는 사람들을 보면서 무슨 생각을 할까?

우도봉의 마음을 읽으며 연주하다가 눈을 떠보니 목걸이 이름표를 달고 있는 단체 관광객 한 분이 느긋하게 음악을 감상하고 있다. 단체 관광객들은 일정에 쫓겨 바쁘게 움직이기 마련인데 특별한 경우다.

"어디서 오셨어요? 듣고 싶은 노래 있으면 불러 드릴게요."

고마운 마음에 말을 걸었다.

"저는 가수 희수씨와 여행자 길수씨를 알아요. 방송에서 봤거든요. 그런데 어떻게 두 분이 만났어요?"

"선생님하고 저희가 만났듯이 우연히 만났죠. 사실 우연이란 것은 없지만요."

"희수씨 옛날 노래 '그 어느 겨울' 부탁해도 될까요? 제가 정말 좋아하는 노래예요. 그리고 연락처 좀 주실래요? 두 분 보니까 부탁드릴 일이 있을 것 같아요."

인재개발원에서 일하고 있다는 여자 분은 노래를 한 곡 더 듣고는 일행을 따라 총총히 멀어져 간다. 고마운 인연이 될 것 같다. 편 선생이 오늘은 느지막이 양손에 커다란 봉투를 들고 나타났다.

"여기서 잔치를 벌일 셈이야? 뭘 이렇게 많이 챙겨 왔어?"

"자네들이 있는 곳이면 어디나 잔치판이지, 인생이라는 것이 별 것 있어? 그냥 한판 잘 놀다 가는 거지!"

웃으며 하는 이야기인데도 음울한 기운이 느껴진다.

"편 선생 무슨 일 있어? 인생 다 산 사람처럼 왜 그래, 편 선생이 꿈꾸던 '우드스탁' 페스티벌도 하면서 더 재미있게 잘 놀아야지! 음악회 포스터랑 현수막 봤지? 한라산 볶음밥 식당 '풍원' 형님이 기획한 음악회인데 이제부터 시작이야! 내년 여름에는 2박 3일 정도로 기획을 해서 '우드스탁'을 향해 달리는 거지."

"고마워, 자네들 덕분에 몇 년 후에는 우도가 시끌벅적한 잔치마당이 되겠네! 그런데 오전 내 번 돈이 고작 저거야? 오늘은 이제 그만 접고 나랑 놀자, 막걸리랑 음식도 많이 싸왔어. 마음은 심란한데 어디 이야기할 사람이 있어야지."

"그러지 뭐, 저녁 먹을 돈은 생겼으니 내일 걱정은 내일 하고 편 선생 이야기나 들어 보지!"

그러고 보니 편 선생을 두 달 가까이 만나면서도 편 선생에 대한 이야 기라고는 아버지께서 편 선생이 어릴 적에 집을 나가 객지에서 돌아가 시고, 홀어머니와 외롭게 자랐다는 것 말고는 들은 게 없다. 오늘은 편 선생을 잠 못 이루게 하는 외로움을 만나봐야겠다.

"편 선생! 어제도 잠을 못 잔 거 같은데 뭣 때문에 그렇게 잠을 못 자 는 거야?"

"생각이 많아서 그래! 저기 우도봉을 봐, 듬직하게 서 있는 것 같지? 바다가 잔잔할 때는 그렇게 보이지, 우도봉은 태풍이 몰아칠 때 봐야 제대로 볼 수 있어. 남쪽에서 태풍이 올라오면 우도봉을 제일 먼저 세 차게 때리는데 파도가 중턱까지 올라가지. 우도봉에 있는 줄무늬는 그 렇게 해서 생긴 바람의 상처야! 지난 봄에야 깨달았지. '나는 우도봉 을 닮았구나!'하고 말이야. 우도봉은 백만 년 동안 세상 모두를 사랑하 며 저기에 서 있었지. 우도봉이 특별히 사랑하는 것은 일 년에 몇 번 불 어오는 태풍이었어. 바람의 상처를 남기고는 휭 하니 사라져 버릴 것 을 알면서도 말이지. 태풍이 몰아치는 날 우도봉을 보면 바다와 열정적 인 춤을 추는 것 같아. 하루 이틀 만에 끝나버리는 사랑이지만 말이야! 내가 사랑한 사람들은 다들 그렇게 떠나갔지. 잠을 자려고 누우면 서운 함, 죄책감, 그리움, 외로움들이 한꺼번에 몰려와, 울타리를 뛰어넘는 양을 천만 마리를 세어도 잠이 오지를 않아."

듬직한 산처럼 보이던 편 선생이 곧 눈물을 떨어뜨릴 것만 같다. 정 많고 사랑 많고 착한 사람이다.

"편 선생, 우리는 좀 바보처럼 살면 안 될까? 지나간 것은 그냥 내버려두고 서운한 일이면 서운하다고 이야기하고 잘못한 일이면 미안하다고 해버리면 그만이야! 그리움이나 외로움이 밀려오면 엉엉 울어버려! 무슨 폼 잡고 살겠다고 울음을 참고 그래. 자. 막걸리나 한 잔 먹고 울자. 내가 같이 울어주지."

"희수씨! 김 선생은 늘 이래? 세상 참 편하게 사는 사람이네!"

"팽목항에서도 그랬고, 5.18 기념식에서, 강정에서도 공연을 하다가 너무 울어서 내가 창피할 정도였지. 아무튼 김 선생은 슬픈 일을 겪고 있는 사람이 있으면 자기가 더 슬프게 울어. 막 울다가도 기쁜 일이 있으면 막 웃다가 그래. 좀 미친 사람처럼 보일 때도 있어."

"그래? 김 선생은 우도에 살아야겠는 걸! 시골에는 동네 바보가 한 명씩은 있었잖아! 우도에는 동네 바보가 없거든, 다들 똑똑한 사람들뿐이라서 재미가 없어. 그나저나 내일이 음악회 날이지? 저녁도 내가 살테니까 갈비집으로 가자! 속이 든든해야 노래도 잘 나올 거 아냐? 동네 바보는 원래 힘이 좋으니 김 선생은 안 먹어도 되겠지만."

동네 바보의 이야기에 기분이 좀 나아졌는지 편 선생이 웃는다. 같이 울자 했더니 웃는다.

도사(島寺) 음악회

도사(道士)들이 모여서 여는 음악회가 아니다. 그냥 섬에 있는 절에서 열리는 음악회다. 음악회를 기획한 '풍원' 형님은 동네 바보를 반도사라 부른다. 말없이 있으면 영락없는 도사로 보이는데 입만 열었다 하면 사람들을 웃게 만든다고 붙여 준 별명이다.

섬 사람들과 육지에서 들어온 사람들이 한 자리에 모였다. 금강사에서는 차와 음식을 정성스레 준비해서 음악회에 모인 사람들이 풍성한 만찬을 즐겼다. 금강사 주지스님인 덕해스님은 대금으로 동요를 귀엽게 연주해 주고 아코디언 연주자 신지씨는 트로트 가요로 청중의 흥을 돋우었다. 통기타 가수 이재현 선배는 따뜻한 목소리로 가을을 물들였고, 평강공주는 고운 춤사위로 사람들의 시선을 사로잡았다. 우리는 신나는 노래로 공연을 마무리했다. 모두가 하나 되는 재미지고 의미 있는 공연이었다.

공연이 흡족했던 편 선생이 뒤풀이 자리에서 노래를 한다. 저렇게 환하게 웃는 모습은 처음이다. 자신이 꿈꾸던 일을 실현해 나가는 과정은 삶에 의미를 주고 즐거움과 행복감을 맛보게 한다. 신지씨가 아코디언을 연주하며 노래를 시작하자 모두가 일어나 춤을 추며 노래를 함께한다. 역시나 출연자들에게는 공연보다 뒤풀이가 더 재미있다.

풍원 형님은 내년 여름에는 해수욕장에 무대를 설치하고 2박 3일로 놀아보자고 제안했다. 형님의 제안에 놀이판이 더 흥겨워졌다. 놀자!

놀자! 놀자! 세상 모두가 행복해질 때까지!

  내년 여름에 '우도스탁' 페스티벌이 열릴 산호사 해수욕장으로 거리
공연을 나왔다. 어젯밤의 흥이 가시지 않아 공연은 뒷전이고 춤이나
추고 논다. 고슬고슬한 산호모래가 발바닥에 닿는 느낌이 좋다. 진아
는 아빠 자리에 앉아 젬베를 두드리며 신나게 노래를 따라하고, 소윤
이는 모래 위에 드러누워 가을바람을 즐기고 있다. 우도! 가을바람에
물들었다.

땅콩 타작마당,
잠시 우도를 떠나야 하나?

드디어 편 선생 땅콩밭에도 타작마당이 펼쳐졌다. 우도에서 가장 늦은 타작이다. 편 선생은 유기농으로 농사를 짓고 수확시기도 땅콩이 잘 익어 겨울 날 준비를 마치는 날로 잡았다. 탈곡기에 땅콩 줄기를 밀어 넣는 편 선생의 손길이 느리다.

"편 선생, 좀 많이씩 팍팍 밀어 넣어! 이렇게 하다가는 오늘 못 끝내겠는데?"

"내가 얼마나 정성 들여 키운 자식들인데 막 대할 수 있나! 몽땅 밀어 넣다가는 어디로 튀어서 도망갈지도 몰라. 지금도 탈곡기 돌아가는 소리에 땅콩들이 겁먹었을 텐데 말이야. 그리고 하루만에 일을 마칠 생각도 없어. 농사일은 빨리빨리 서두른다고 잘 되는 것이 아냐! 정성을 들이다 보면 적당한 시간에 끝나게 되어 있어. 좀 천천히 조금씩 줘. 동네 바보가 힘만 좋아가지고!"

편 선생은 조심스레 탈곡기를 돌리고 어머니는 드물게 튀어 나온 땅콩을 줍는다.

점심을 먹다가 희수씨가 쭈뼛거리며 말을 꺼낸다. "김 선생! 편 선생! 소윤이 엄마 입덧이 심해져서 당분간 우도를 떠나야겠어! 뭘 좀 먹으려고 하면 섬이 흔들리는 것 같아서 울렁증이 심해진다고 하네.”

갑작스런 희수씨의 결정에 편 선생 얼굴이 굳어버렸다.

“편 선생! 그러니까 육지 것들에게 정 주지 말라고 했잖아. 육지 것들은 언젠가는 떠나게 되어 있다니까!”

“김 선생! 그렇게 말하면 못 써. 섬이 흔들린다는데 애기 엄마가 얼마나 힘들겠나? 희수씨 덕분에 ‘우도스탁’은 시작한 거나 마찬가지고 내년에 돌아와서 또 잘 놀면 되지 뭐! 김 선생은 어찌할 건가?”

여행 생활자는 어떤 상황이 생겼을 때, 떠나고 머무름을 빠르게 결정해야 한다. 아쉬움 때문에 우유부단하게 질질 끌다가는 재미도 없고 고단한 여행이 될 수밖에 없다.

“그럼, 나는 진안에 있는 베이스캠프에서 겨울을 나야겠어. 집이랑 땅을 팔아서 우도에 공연장을 짓고 ‘우도스탁’을 키우는 데 집중하지 뭐! 내년 봄에 땅콩 심을 때 돌아올게!”

“그럼 나도 땅콩 팔아서 여행경비 좀 만들고 육지로 나가지. 작년에 그녀가 떠나고 몇 달간 미친 짓을 했더니 몸이 많이 나빠졌어. 단식을 해야겠는데 김 선생 베이스캠프로 가도 되나?”

“당연히 환영이지! 몇 년 전에 담가놓은 효소도 많이 있어. 효소단식으로 3주 정도 하면 예전 건강을 되찾을 수 있을 거야. 나도 함께 단식을 해야겠는 걸? 오래 여행을 하다 보면 군살이 빠지기 마련인데 우도에서 너무 잘 먹어서인지 오히려 불필요한 살이 붙었어.”

우도에서 정이 든 사람들에게 어찌 말을 해야 하나 걱정이 되기는 하지만 편 선생이 단식으로 건강해질 생각을 하니 기분이 좋다.

떼까마귀가 돌아왔다. 시베리아 어디메, 몽골 들판을 날아다니던 떼까마귀는 우도에 땅콩 수확이 끝났다는 소식을 듣고 타작마당이 모두 정리되는 날을 잡아 우도로 날아들었다. 땅콩 수확이 끝난 빈들에 새까맣게 내려앉아 땅콩을 주워 먹는 까마귀들은 이삭줍기가 끝나면 바람이 전해 주는 이야기를 듣고 어디론가 날아갈 것이다.

우리 가족도 슬슬 우도에서 만난 고마운 인연들에게 인사를 나누고 베이스캠프로 겨울 준비를 하러 떠나야겠다. 빈 들판을 바라보다가 내 마음도 빈 들판이 되어 가는데 전화벨이 울린다.

"안녕하세요? 김 선생님! 저 혹시 기억하실지 모르겠는데, 인재개발원에서 일하는 양현주예요. 검멀레에서 공연하실 때 연락처를 받았었죠."

"네, 기억하죠. 단체관광객 명찰 달고 노래 신청하셨던 분이죠?"

"네. 그때도 연수가 있어서 우도에 갔었는데 다음 주에 한라산에서 자기개발 프로그램 연수가 있는데 강의를 부탁하려고요."

"좋죠. 저희도 한라산에 가 보려고 했는데 잘 됐네요."

스쳐 지나간 인연이 강의 요청으로 돌아왔다. 우리는 어디에서 어떻게 다시 만날지 모른다. 모든 인연에 감사하고 정성을 다해야겠다.

아름다운 가게
'해와 달 그리고 섬'

우도에는 식당이 넘쳐 나지만 주로 관광객을 대상으로 특별한 음식을 파는 가게들이고 현지인이 드나드는 가게는 손가락으로 꼽을 수 있다. 관광객을 상대하는 식당은 일찍 문을 열고, 해가 지기 전에 문을 닫는다. 우도 주민이 드나드는 가게는 점심에 문을 열고, 늦게까지 영업을 한다.

'해달섬'은 우도 사람들 모두가 좋아하는 가게여서 저녁 무렵에 가게에 들르면 언제나 아는 사람을 만날 수 있다. 우도 사람들은 낮에는 자기 일터에서 일을 하고, 밤에는 '해달섬'을 비롯한 몇몇 가게에 모여 잔치를 벌인다.

'해달섬'을 운영하고 있는 광석이형은 우도에서 나고 자란 우도 씨다. 광석이형은 젊은 날을 풍운아로 살다가 철이 들 무렵에 일본으로 건너가 요리를 배워 우도에 횟집을 열었다. 풍운아에 어울리는 아름다운 형수님도 일본에서 만났다. 아름다운 육지 처녀를 섬으로 데려와 결혼식을 올릴 때에는 우도가 일주일 동안 잔치마당이 되었다고 한다.

우도 씨는 아내가 육지 사람일 경우에(주로 그렇지만) 결혼식을 두 번 올린다. 아내를 위해 육지에서 한 번 식을 치르고 섬으로 돌아와서는 일주일 동안 잔치를 벌인다. 잔치가 벌어지면 돼지를 통째로 큰 가마솥에 넣고 삶는다. 하루 이틀은 삶은 고기가 잔칫상에 오르고, 육수가 잘 우러나는 삼일 째부터는 고기국수가 상에 오른다. 제주 음식으로 널리 알려진 돔베고기와 고기국수는 짧으면 삼일에서 길게는 일주일간 잔치를 벌이는 제주도 풍습에서 유래한 음식이다.

아름다운 가게 '해달섬'의 메인 메뉴는 계절별로 바뀐다. '해달섬'에서는 자연산 재료만을 고집하는 광석이 형 덕분에 제철에 나는 가장 좋은 음식을 먹을 수밖에 없다.

일 년 내 잡히는 뿔소라(번식기인 한여름 금어기를 제외하고)와 문어는 언제든 먹을 수 있지만 해삼 물회, 성게알 비빔밥, 방어회, 한치회, 무늬오징어들은 제철을 만나야만 먹을 수 있다. 냉동 재료나 양식으로 키운 재료를 쓰지 않는 '해달섬'은 입소문을 타서 손님들이 많다.

또 '해달섬'은 해녀들이 잡은 해산물과 작은 배를 타고 나가 잡아 온 어부들의 물고기를 현장에서 좋은 값에 사 주어 우도 사람들에게도 좋은 역

할을 한다.

다시 길 떠나는 인사를 하러 다니느라 며칠 남지 않은 우도에서의 생활이 바쁘다. 인사를 하러 들른 학교에서는 연말에 수남이가 장학금을 받기로 되어 있다며 방학식 때까지만이라도 머물면 좋겠다고 한다. '생각해 보겠다.'며 말을 흐리고 학교에서 나와 카페 '노닐다'로 달렸다. '노닐다' 누님은 언제나처럼 밝은 얼굴로 반긴다.

"김 선생 식구들 육지로 간다면서요?"

'노닐다' 누님은 우리 가족이 어디로 갈지 벌써 알고 있다.

"네, 희수씨네 아기도 낳아야 하고 저는 진안에 있는 베이스캠프를 아예 정리하고 현대판 유목민으로 살아 보려고요. 내년 봄에 '우도 스탁' 준비하러 돌아올 게요."

"지금도 유목민으로 살고 있는 것 같은데요. 뭘!"

"저녁에 시간 괜찮으시면 '해달섬'으로 오세요. 그동안 신세를 진 분들께 저녁식사라도 대접하고 싶어서요."

맛있는 커피와 머핀을 얻어먹고는 '돌카니'를 지나고 '검멀레'를 거쳐 비양도가 바라보이는 바닷가에 있는 광석이형 가게에 들렀다.

"형님! 저녁에 '해달섬'에서 놀려고 하는데 예약 좀 하려고요. 어른들이 한 열대여섯 명 될 것 같아요."

"동생은 참 복도 많네! 오늘 대방어가 몇 마리 들어왔는데 제일 큰 놈으로 한 마리 선물하지! 육지로 길 떠나는 기념으로 말이야! 그리고 꼭 다시 돌아오라고!"

차가운 물을 좋아하는 방어는 여름에는 캄차카반도 해안에서 놀다가 가을에 동해로 내려와서 겨울이 가까우면 제주로 돌아온다. 좀 이르게 잡힌 방어를 먹을 수 있게 되다니 우도를 떠나면서도 행운을 만났다.

"성운이도 같이 나간다면서? 잘 된 일이야! 우도에서 태어난 사내는 큰 세상을 보고 돌아와야 제대로 살 수 있어. 내가 아끼는 동생인데 몸이 많이 안 좋아. 잘 보살펴서 건강하게 돌아오게 해 줘!"

"네, 저희는 내일 제주로 나가서 며칠 동안 못 가본 곳을 돌다가 편 선생이 땅콩 수매를 마치고 제주로 오면 같이 육지로 나가려고요. 겨울 에 저랑 일십 일일 단식을 하기로 했거든요. 몸을 완전히 뒤집어서 새 로 만드는 거죠. 틀림없이 건강하게 될 거예요."

"동생, 고맙네! 먼 길 떠나는 동생들을 위해 회도 멋지게 뜨고 매운 탕도 끓이고 잔치음식을 준비해 놓을 테니 저녁에 보자고!"

걸걸한 형님의 목소리는 친동생을 대하는 듯 따뜻하다.

제주 꽃밭에서
놀다

섬 소나이 형님들은 육지로 여행을 떠나는 동생들에게 따뜻한 환송식을 치러 주었다. 우리가 대접을 하겠다고 마련한 자리에서 다시 대접을 받았다. 고맙고도 고마운 일이다. 꼭 다시 돌아와야 할 고향이 생겼다. 편 선생은 조만간 다시 보자며 성산항 가는 카페리 표를 사 주었다.

몇십 년 만에 찾아왔다는 더운 여름을 제주에서 보냈는데, 다시 찾은 제주는 찬바람이 불어 긴 옷을 꺼내 입었다. 신비로운 섬 우도에서 두 달 넘게 살다가 나온 느린 바람 여행자 가족은 동백나무숲으로 들어갔다.

동백숲에는 다양한 동백나무들이 꽃을 피우기도 하고 꽃잎을 내려놓기도 한다. 커다란 동백나무 아래에는 꽃잎 융단이 깔려 있다. 신비로운 섬에서 나와 신비한 세계로 공간이동을 한 기분이다. 아이들이 신비한 숲에서 피고 지는 꽃들과 인사하고 동백꽃잎 융단에서 뒹굴며 논다. 아이들도 꽃이 되었다. 아름답다! 동백나무숲을 거닐며 놀다가 잘 자란 나무를 만났다. 햇볕을 고루 받아 어느 가지 하나도 치우침 없이 고르게 자란 나무가 든든하게 서 있다. 아이들도 이 나무처럼 자라기를 바라는 마음으로 나무를 껴안았다.

"나무야! 나무야! 잘 자라줘서 고맙다."

겨울이 다가오는 동백나무 언덕에는 지는 꽃이 더 많지만 늦겨울이나 이른 봄에 오면 꽃 잔치가 벌어지겠다. 좋은 날을 골라 다시 오고 싶은 곳이다.

다시 우도,
편 선생이 아프다

겨울을 재촉하는 비가 내린다. 이 비가 그치면 제주에도 겨울이 성큼 다가올 것 같다. 이런 날에는 월드컵 경기장에 있는 극장에서 영화를 보고 비 가림이 되어 있는 관중석에서 노는 것도 여행의 맛이다. 아이들과 운동장에서 공놀이를 하는 상상을 하다가 엉뚱한 진아는 운동장을 커다란 배로 만들어 버렸다. 우리 식구들은 진아가 만든 커다란 배를 타고 세계여행을 떠난다. 배가 하도 커서 비바람이 몰아치는 날에도 흔들림이 없다. 아이들은 바다에 그물을 던지고 낚싯대를 드리워 물고기를 잡아 구워 먹고 큰 고래가 물을 뿜는 것을 보면서 즐거워한다. 얼마 전부터 우리 배 곁을 따라다니던 돌고래하고는 친해져 진아와 이야기를 주고 받는다.

엉뚱한 상상으로 재미있게 놀고 있는데 우도에 있는 형으로부터 전화가 왔다.

"김 선생! 아직 우도에 있는 거야? 성운이가 김 선생 가족이랑 점심 먹기로 약속했다면서 순대국밥집에서 만나자고 하던데?"

"아니에요, 우도에서 나온 지 3일이나 됐어요. 그리고 편 선생이랑 통화한 적도 없고요."

이상한 일이다. 편 선생이 배웅까지 해 주었는데, 장난을 치는 걸까? 전화를 끊자마자 편 선생으로부터 전화가 걸려왔다.

"김 선생, 어디에 있어? 비도 오는데 막걸리나 한 잔 하자!"

"편 선생, 우리는 3일 전에 제주로 나왔잖아! 생각 안 나?"

"아니, 풍랑주의보가 내렸는데 어떻게 나갔어? 거짓말 말고 어디 있는지 말해! 내가 거기로 갈게."

편 선생이 이상한 소리를 한다고 주화씨에게 이야기를 하니, 간성혼수에 빠진 것 같다며 화들짝 놀란다. 망가진 간에서 나온 독이 혼수상태를 일으키면 목숨이 위태롭다는 주화씨 말에 모든 일을 작파하고 우도로 내달린다. 고맙게도 오아시스 형님이 작은 차를 빌려 주셨다. 부랴부랴 편 선생 집에 도착해 보니 상태가 심각하다. 편 선생은 의식을 잃고 쓰러져 있고 어머니는 곁에서 눈물을 흘리며 망연자실해 있다.

"어머니! 어떻게 된 거예요?"

"저놈이 또 혼자서 술을 마셨나 봐! 외롭다고 마시는 술이 지 목숨을 갉아 먹는 줄도 모르고, 자네들 떠나고 집 밖으로 나오지도 않아서 들여다보니 이 모양이야!"

"어머니 죄송해요. 그날 저희가 함께 나갔어야 하는데, 편 선생 짐 좀 챙겨 주세요. 제주대 병원으로 가면 되죠?"

편 선생 병간호를 위해 병원 근처에 있는 장터로 집을 옮겼다. 금요일마다 장이 열리는 곳인데 장터를 관리하는 분은 고맙게도 화장실과 물을 쓸 수 있도록 배려해 주셨다. '지꺼진 장'이라는 장날 이름이 재미있다. '지꺼지다'는 말은 제주 방언인데 너무나 재미있다는 뜻이다.

깨어날 가능성이 희박하다는 담당의사의 우려와는 달리 편 선생은 3일 만에 깨어나 사람을 알아보고 음식을 먹기 시작했다. 빠른 회복력에 의사들도 놀라워 한다. 어머니 말씀으로는 집안 내력이 상처가 빨리 아무는 특이한 체질이라 한다. 다행이다.

'지꺼진 장'에서 놀기,
한라산 '포크 토크 콘서트'

　며칠 머무른 '지꺼진 장'에서 공연 요청이 들어왔다. 장에 참여하려면 여러 가지 심사가 필요하지만 우리에게는 특별히 자리를 내주고 유기농으로 차린 밥상도 함께 하자고 한다. 주차장과 화장실, 물과 전기를 신세 지고 있는 마당에 고마운 일이다.

　금요일이 되자 텅 비어 있던 천막 안에 다양한 물건들과 음식들이 자리를 잡았다. 먹을거리는 모두가 유기농으로 키운 재료로 만든 것이고 물건들은 수공예로 만든 것들이다. 잔치마당으로 벌어진 장터에는 물건을 파는 사람과 사려는 사람들의 웃음소리가 여기저기서 터진다.

　여러 사람들이 머리를 맞대고 생각을 모아 만든 '지꺼진 장'의 목적은 돈을 좇아가기보다는 파는 사람, 사는 사람 모두가 행복한 장을 만들겠다는 것이다. 행복한 장이 선다는 소문에 많은 사람들이 몰려들어 '지꺼진 장'은 꽤 유명해졌다. 장터 사람들은 자기 물건을 팔기만 하는 게 아니라 잠깐씩 자리를 비워 두고 다른 사람의 물건을 사 주기도 한다. 장터에 나온 사람들은 여러 권의 책과 음반을 사 주고 직접 담근 술과 효소, 야생차를 선물로 주셨다. '지꺼진 장'과의 인연, 참 고맙다.

　'포크 토크 콘서트'를 준비하기 위해 하루 먼저 관음사 휴게소로 집을 옮겼다. 느린 바람 여행자 가족이 한라산에 들었다. 제주도에 온 지 육개월 만이다. 참 느린 바람이다. 한라산의 넓은 잎 나무들은 기분 좋은 소리가 나는 양탄자를 깔아놓고 바람 가족을 반긴다.

　일 년 전부터 신장병으로 엄마, 아빠 마음을 아프게 하던 진아는 제주도를 여행하는 여섯 달 만에 병이 나았고 수남이는 사춘기를 맞았다. 물 애기였던 진서는 혼자서 밥을 먹게 되었고, 똑순이 정수는 자기 살림을 알아서 척척 한다. 동생들을 돌보고 늘 양보만 하느라 불만이 많던 민정이는 자기 챙기는 법을 알아가기 시작했다. 가족 모두에게 엄청난 변화다.

한라산이라는 어머니 품에 들어와 보니 모든 변화의 근원을 알겠다. 한라산에 살고 있는 모든 생명들은 자기가 있어야 할 곳에 있다. 엄마 품에 깃들어 살고 있는 생명들은 균형과 조화를 안다. 한라산은 살아 있는 섬

제주를 품어 살리고, 느린 바람 가족에게는 조화와 균형을 알게 해주었다. 이 또한 참 고마운 인연이다. 한라산 중턱에는 겨울바람이 분다. 겨울나기를 하러 떠나야 할 때가 되었나 보다.

관음사 근처에 있는 산악박물관에서 자기개발 프로그램에 참여한 사람들과 행복에 대한 이야기를 나누었다. 사람들에게 물었다. 행복과 슬픔을 어느 때 느끼는지에 대해! 누구나 다 아는 이야기지만 사람들은 사랑하는 이들로 행복을 느끼고, 또 그들 때문에 슬퍼하며 살아간다. 사실 감정을 느끼는 주체는 자기 자신이지만 행복과 슬픔의 원인을 상대방으로 돌리는 경우가 많다.

내가 행복할 만큼만 주변 사람들을 사랑해야 한다. 자신이 고통스러워질 정도로 사랑하다 보면 집착이 되고 집착은 모두를 불행하게 만든다. 진정한 사랑은 내가 원하는 대로 상대를 변화시키는 것이 아니라

있는 그대로 받아들이는 것이다. 이런 이야기들을 노래로 풀어 재미있는 프로그램을 만들었다.

제주를
떠나다

편 선생은 많은 사람들의 간호로 우도에서 만날 때만큼 몸이 회복되었다. 이제 극단 처방으로 간을 되살리는 일이 남았다. 편 선생은 일주일 정도 병원에서 몸을 추스르고 진안 베이스캠프에 오기로 약속을 했다. 편 선생을 편안하게 맞으려면 우리 가족은 겨울나기 준비를 하러 먼저 떠나야 한다. 희수씨네 가족은 태교를 위해 따뜻한 제주에 더 남기로 했다.

제주에 빈손으로 들어와서 일곱 달을 잘 살았다. 알맞은 시기에 '포크 토크 콘서트'를 열 수 있어서 육지로 가는 경비도 마련했다. 모든 인연들이 적당한 때에 맺어져 아름다운 여행을 할 수 있었다. 고맙고도 고마운 일이다. 아이들은 진안에 있는 친구들을 만날 생각에 벌써 신이 났다.

편 선생,
바다로 돌아가다

사나흘 후면 진안으로 올 수 있겠다던 편 선생이 다시 쓰러졌다는 전화가 걸려왔다. 이번에는 상태가 심각해서 소생할 가망이 없으니 마지막 인사를 하려면 지금 와야 한다는 내용의 전화다. 며칠 전까지만 해도 건강한 목소리로 통화를 했는데 믿을 수 없는 이야기다.

무거운 마음으로 병원에 와 보니 편 선생은 돌아오지 못할 강을 건너고 있다. 의식은 살아서 눈인사를 건네지만 몸은 벌써 사그라지고 있다. 외로움이 없는 세상으로 떠나는 편 선생을 붙잡을 수 없겠다.

첫 눈이 많이도 내렸다. 늦가을에 피어난 장미는 외로움의 무게를 이기지 못해 목을 꺾고 시들었다. 섬 생활을 정리하고 산중생활로 돌아가기가 버겁다. 첫 눈과 함께 찾아온 추위가 매섭지만 움직이는 집에는 여행을 함께 하던 짐들이 아직 한가득이다.

할 수만 있다면 일 년 전으로 돌아가서 편 선생의 외로운 밤들을 지켜주고 싶은 마음이 간절하다. 하지만 편 선생은 너무 빨리 바다로 돌아갔다.

그리운 그들은 먼 바다 저편에 모여 산다. 먼저 떠난 그들이 흙이 되고, 공기 중으로 흩어졌어도 모습을 감추었을 뿐 사라진 것은 아니다. 그리운 그들은 또 다른 존재로 곁에 남아 있다. 다만 눈물겹게 그립다.

삶을 살아내는 일이 지치고 힘든 날들이 있었다. 가끔은 지루하기도 하여 하루가 백만 년처럼 느껴지기도 했다. 참으로 어리석었던 시절, 내가 움켜쥐려 했던 것들이, 내가 꿈꾸고 있던 세계가 얼마나 부질없고 허망한 것이었는지를 모르고 살아가던 날들.

나만의 수도원을 만들고 싶었다. 해가 뜨면 노동과 명상을 함께하고 날이 저물면 모닥불 주위에 모여 시낭송을 하고 노래를 부르고 춤을 추며 먹고 마시고 놀기나 하는 수도원을! 그렇게 모여 살면 부나 명예, 권력이니 하는 하찮은 것들로부터 멀어진 사람들이 모두 행복한 삶을 살 수 있지 않을까? 하고 생각했다. 먼지 한 줌밖에 안 되는 책에서 얻은 지식으로 아무짝에도 쓸모없는 수도원을 만들겠다는 꿈을 꾸며 살았다. 그 꿈은 그저 몽상이었다.

바람이 가는 길을 따라 여행을 하며 사람들을 만나 보니 내 꿈은 지금 여기에 있었다. 함께 울고 웃으며 살아가는 사람들이 지금 여기에 있는 것이다. 지금 여기에 있는 수도원은 아주 정교하게 짜여 있어서 우연히 일어난 일이나 인연마저도 수천 년 전부터 계획된 필연으로 만들어 버린다. 이곳에는 악연이란 없다. 서로에게 상처를 주기도 하지만 그것은 그저 관계일 뿐이다. 그 관계는 우리를 다른 삶으로 이끄는 계기가 될 뿐 악연이나 상처로 규정 지을 수 없는 것들이다. 조용히 바라보면 악연과 상처마저도 인생에 있어 획기적인 기회로 작동되고 있음을 알 수 있다.

내가 꿈꾸던 수도원보다 훨씬 정교하고 아름다운 수도원이 지금 여기에 있다. 바람이 가는 길에 늘 존재하던 것을 애써 만들 필요가 없었다. 내일에 대한 계획도, 걱정도, 바람도 필요한 것들이 아니었다. 오늘을 즐기고 행복하면 천국은 바로 여기에 있는 것이다.

선각산 전각골에서